单立柱日光
温室内景

在草帘上加
盖浮膜保温

日光温室阳光灯

棚膜面上拴一些清
尘布条，布条随风
左右摆动，自动清
除棚膜上的灰尘

1

中葫 1 号

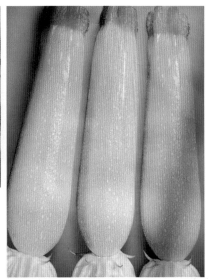

冬 玉

黑美丽

金珊瑚

2

金蜡烛

金手指

金元帅

吉 美

金珠西葫芦

西葫芦三角形栽植

西葫芦覆膜栽植

西葫芦用透明塑料织绳吊架

持续阴天后暴晴要揭"花帘"

西葫芦膜下暗灌

西葫芦膜下滴灌栽培

西葫芦白粉病

西葫芦灰霉病瓜

西葫芦绵腐病

西葫芦菌核病

西葫芦病毒病（叶）

西葫芦病毒病果

西葫芦霜霉病（叶正面）

西葫芦银叶病

西葫芦软腐病茎

西葫芦软腐病（病瓜）

西葫芦细菌性角斑病

西葫芦蔓枯病

西葫芦潜叶蝇危害

斜纹叶蛾危害状

7

西葫芦缺钾症

西葫芦缺镁症

西葫芦缺锌症

寿光菜农科学种菜丛书

寿光菜农
日光温室西葫芦高效栽培

编著者

胡永军　石　磊　夏文英

金盾出版社

内 容 提 要

本书由山东省寿光市农业局胡永军高级农艺师等编著。内容包括日光温室的设计与建造、西葫芦新优品种选择、日光温室西葫芦育苗技术、多茬次栽培技术、土壤障碍控防技术、肥水运筹技术、栽培经验与新技术、病虫害防治技术等8章。该书贴近蔬菜生产实际,突出科学性、实用性和可操作性,内容新颖,文字通俗易懂,适合广大农民、蔬菜专业户、蔬菜基地生产者和基层农业技术人员阅读,亦可供农业院校相关专业师生参考。

图书在版编目(CIP)数据

寿光菜农日光温室西葫芦高效栽培/胡永军,石 磊,夏文英编著 . -- 北京 : 金盾出版社,2010.12
(寿光菜农科学种菜丛书)
ISBN 978-7-5082-6689-3

Ⅰ.①寿… Ⅱ.①胡…②石…③夏… Ⅲ.①西葫芦—温室栽培 Ⅳ.①S626.5

中国版本图书馆 CIP 数据核字(2010)第 210127 号

金盾出版社出版、总发行
北京太平路 5 号(地铁万寿路站往南)
邮政编码:100036 电话:68214039 83219215
传真:68276683 网址:www.jdcbs.cn
封面印刷:北京蓝迪彩色印务有限公司
彩页正文印刷:北京金盾印刷厂
装订:北京东杨庄装订厂
各地新华书店经销
开本:850×1168 1/32 印张:7 彩页:8 字数:158 千字
2010 年 12 月第 1 版第 1 次印刷
印数:1~8 000 册 定价:12.00 元

前　言

　　山东省寿光市农民种菜虽然有着较悠久的传统，但真正以种植蔬菜闻名全国则是在 20 世纪 80 年代中期。20 世纪 80 年代初，寿光市三元朱村农民在党支部书记、全国优秀共产党员、2009 年被评为"感动中国人物"之一的王乐义同志的带领下，率先试验成功了冬暖式大棚（日光温室）蔬菜生产，从而推动了一场遍及全省乃至全国的"绿色革命"。继而寿光市成为中国最大的蔬菜生产基地，光荣地被国家命名为惟一的"中国蔬菜之乡"。全市蔬菜常年种植面积达到 5.33 万公顷（80 万亩），总产量达到 40 亿千克，其中日光温室蔬菜面积达到 2.67 万公顷（40 万亩）。寿光市种植蔬菜收入超过当地农业收入的 70%。

　　寿光市蔬菜生产发展的经验可以总结出许多条，但最根本的经验是依靠科学技术种菜。寿光菜农重视学习蔬菜种植技术，重视总结经验，不断探索和提高蔬菜种植技术水平，因而能不断提高种植效益。特别是近几年，涌现出了不少新典型，摸索和创造出不少新的技术。在寿光市蔬菜生产发展的新形势下，金盾出版社邀请我们围绕"科学种菜"这个主旨，编写一套寿光农民深入开展科学种菜的丛书。为此，我们在市有关部门的支持下，组织市农业局部分农技人员和乡镇一线农业技术人员深入田间地头和农户家中，了解、收集和总结近年来菜农在蔬菜生产中遇到的疑难问题、新的栽培技术和经验以及新的栽培模式，编写了寿光菜农科学种菜丛书。丛书分为《寿光菜农日光温室番茄高效栽培》、《寿光菜农日光温室茄子高效栽培》、《寿光菜农日光温室辣椒高效栽培》、《寿光菜农日光温室黄瓜高效栽培》、《寿光菜农日光温室苦瓜高效栽培》、《寿光菜农日光温室丝瓜高效栽培》、《寿光菜农日光温室冬瓜高效栽培》、《寿光菜农日光温室西葫芦高效栽培》、《寿光菜农日光温室西瓜高效栽培》、《寿光菜农日光温室菜豆高效栽培》10个分册。丛书力求反映寿光菜农最新种菜技术和经验，力求贴近生产，深入浅出，重视实用性和可操作性；在语言表述上力求简明扼要，通俗易懂。

最后，需要特别说明的是，我们不揣冒昧，在丛书中向广大读者介绍了寿光菜农独创的一些"拿手技术"，虽然这些技术与传统专业书中介绍的有不同之处，但是有它合理和实用的一面，对农民朋友种植蔬菜或许将起到交流、启发和借鉴作用。同时，我们期待将这些体会和做法在生产实践中不断验证、提炼和完善，不断上升到科学的高度。

由于编者水平所限，书中疏漏、不妥之处甚至错误之处在所难免，敬请专家和广大读者批评指正。

丛书编委会
2010 年 9 月

目　录

第一章　日光温室的设计与建造

一、日光温室的设计与建造原则

(一)建造日光温室要因地制宜

寿光的日光温室是根据寿光地理气候的自然条件建立并根据实际情况不断改进和完善的一种模式。有些地区不分地域模仿寿光的模式建造日光温室,是造成日光温室采光性、保温性与实种面积不协调,使蔬菜生产陷入困境的重要原因。

各地建造日光温室时,要根据当地经纬度和气候条件,对日光温室的高度、跨度以及墙体厚度等做好调整,以适应当地条件。如东北地区建造的日光温室如果与山东省寿光市一样,那么日光温室内的采光性和保温性将大为不足;而南方地区的日光温室建造如果与寿光一样,则日光温室的实种面积将受到限制。因此,建造日光温室要根据寿光的经验做到因地制宜。

1. 正确调整日光温室棚面形状和日光温室宽与高的比例　日光温室棚面形状及日光温室棚面角是影响日光温室日进光量和升温效果的主要因素,在进行日光温室建造时,必须从当地实际条件出发,合理选择设计方案。在各种日光温室棚面形状中,以圆弧形采光效果最为理想。

日光温室棚面角指日光温室透光面与地平面之间的夹角。当太阳光透过棚膜进入日光温室时,一部分光能转化为热能被棚架和棚膜吸收(约占10%),部分被棚膜反射掉,其余部分则透过棚膜进入日光温室。棚膜的反射率越小,透过棚膜进入日光温室的太阳光就越多,升温效果也就越好。最理想的效果是:太阳垂直照射到日光温室棚面,入射角是零,反射角也是零,透过的光照强度最大。简单地说,要使采光、升温与种植面积较好地结合起来,日光温室宽和高的比例就要合适。不同地区合适的日光温室高与宽的比例是不同的。经过试验和测算,日光温室宽与高的比值可以用下面的公式来计算:

日光温室宽:高=ctg 理想日光温室棚面角

理想日光温室棚面角=56°−冬至正午时的太阳高度角

冬至正午时的太阳高度角=90°−(当地地理纬度−冬至时的赤纬度)

例如,山东省寿光市在北纬 36°~37°,冬至时的赤纬度约为23.5°(从数学角度看,北半球冬至时的赤纬度应视作负值),所以寿光地区合理的日光温室宽:高,按以上公式计算为 2~2.1:1。河北中南部、山西、陕西北部、宁夏南部等地纬度与寿光市相差不大,日光温室宽:高基本在 2~2.1:1 左右。江苏北部、安徽北部、河南、陕西南部等地,纬度较低,多在北纬 34°~36°,冬至时的太阳高度角大,理想日光温室棚面角就小,日光温室宽:高也就大一些,为 2.2~2.4:1。而在北京、辽宁、内蒙古等省(直辖市、自治区),纬度较高,在北纬 40°地区,日光温室宽:高也就小一些,为 1.8~1.9:1。建造日光温室要根据当地的纬度灵活调整。

2. 确定合适的墙体厚度 墙体厚度的确定主要取决于当地的最大冻土层厚度,以最大冻土层厚度加上 0.5 米即可。如山东省最大冻土层厚度为 0.3~0.5 米,墙体厚度 0.8~1 米即可。辽宁、北京、宁夏等地的最大冻土层厚度甚至达到 1 米,墙体厚度需适当加厚 0.3~0.6 米,应达 1.3~2 米。江苏北部、安徽北部、河南等地,最大冻土层厚度低于 0.3 米,墙体厚度在 0.6~0.8 米即可满足要求。如果墙体厚度薄了,保温性差;厚了,则浪费土地和建日光温室的资金。

在寿光市大跨度半地下日光温室开发设计中,为增加保温贮热能力和便于建设施工。墙体一般基部为 3.5 米以上,顶部在 1.5 米左右,墙体内侧基本砌成与栽培床面垂直的墙面,外侧呈斜坡,由于建墙大量的用土来自于栽培床面,使床面挖深达 100 厘米左右。通过几年实践证明,由于墙体的加厚,贮热能力加大,墙体的增高,使温室前坡面采光角度增大,增温效果显著,并且通过下挖充分利用了地温,在冬季比非地下温室温度增高 3℃～5℃,蔬菜在外界—27℃的严寒地带照常生长良好。

3. 确定合适的日光温室间距 日光温室建造的方位应坐北面南,东西延长,这样日光温室内光照分布均匀。两个日光温室之间如距离过大,则浪费土地;过近,则影响日光温室光照和通风效果,并且固定日光温室棚膜等作业也不方便。

理论上,前、后两个温室之间的距离应为多少米?前面的温室才不会遮到后面的温室,是由前面温室的高度和当地冬至时太阳高度角所决定的。冬至时太阳高度角最小,同样的墙体对后面的地块遮荫最多,所以应以当地冬至时太阳高度角来计算。

以寿光市为例,冬至时太阳高度角为 29.5°,其余切值就是 1.762。它表示前排温室最高点的地面投影到后排温室最前端的距离与前排温室最高点的高度加草苫直径的和的比值为 1.762。所以两个温室之间不遮荫的最小距离＝(前排温室最高点的高度＋草苫的直径)×1.762—前排温室最高点的地面投影到北墙体外缘的距离。

举例说明,假如前排温室的最高点高度为 5 米,所用草苫直径是 1 米。前排温室最高点的地面投影到北墙体外缘的距离为 6 米。那么建温室时两温室间不遮荫的最小距离就是(5＋1)×1.762—6＝4.572 米。

在实际应用中,前排温室墙体后缘到后排温室前缘的合适距离为不遮荫最小距离加一个修正值 K,K 的具体大小可根据情况自定,K 值大,后排温室光照好,但土地利用率低,K 值小,土地利用率高,但后排温室光照相对较差。在山东、河北等省 K 值通常为 1.2～1.6 米,前排温室墙体后缘到后排温室前缘的合适距离为5.8～6.2 米。

(二)设计和建造日光温室需要注意的问题

在设计日光温室时,必须依据地理纬度、气候条件、场地面积、地形等自然情况,处理好日光温室的总体尺寸关系,使总体尺寸关系处于适宜范围,才能使日光温室具有采光性强、保温性好、节能和经济实用的独特优点。高度、跨度、长度配合得当,则采光角度和前后坡水平宽度比例适当,采光增温和贮热保温性能都好,日光温室内范围也得当,既能减轻山墙遮阳成荫影响,也易于控制调节日光温室温度,又有利于作物生长发育和便于人们对作物栽培管理。

老式的"低档日光温室"棚体过矮,过窄,过小,不便于操作,再加上空气相对湿度大,菜农长期于日光温室内劳动作业,容易患"日光温室综合征"(主要症状是腰、腿痛和肩背不舒服)。20 世纪80 年代的日光温室大都是高 3 米,跨度为 8 米,长为 50～60 米的泥坯墙体,这种日光温室低矮、空间小,二氧化碳变化大,夜间饱和,白天上午 11 时以后就会缺乏,导致昼夜温差过大,空气相对湿度大,冬季西葫芦生产容易发病。

但日光温室过长,也有缺点:一是日光温室过长、过宽,面积越大,温度升得慢,降得也慢,昼夜温差过小,营养消耗大,不利于西葫芦增产;二是日光温室过长,有的东西山墙相隔半里路,采摘运输西葫芦时极不方便。

建日光温室的标准不仅要了解地理纬度,还需要了解当地土层厚度等条件。如半地下日光温室只适于土层深厚、地势高燥、地下水位较深的地区,而对于土层薄、或地势低洼、或地下水位浅的低纬度地区(如安徽、江苏淮阴),则不适宜建造。

寿光市日光温室适宜跨度为 9～12 米,墙体厚度为 1.5～4米,日光温室内走道(水沟)50～70 厘米。不同纬度的地区后墙高度也不一样。可根据日光温室棚体特点采取改进措施:一是采用适宜的日光温室棚面角度。采光由日光温室棚面角度和透光率决定,日光温室棚面角度越大,透光率越高,升温越快;二是选用优质农膜;三是增前坡,缩后坡。如脊高 3 米的日光温室,跨度以 8 米为宜,其中前坡水平宽度以 6 米左右为宜;四是改变日光温室不适当的朝向;五是对于棚体过大过长的日光温室,可于其长度中间设一道内山墙,或用棚膜将其一分为二隔开,这样一来提温快,二来便于操作。

(三)日光温室选址应遵循的原则

日光温室选址要遵循以下原则。

①选地势开阔、平坦,或朝阳缓坡的地方建造日光温室,这样的地方采光好,地温高,浇水方便、均匀。②不应在风口上建造日光温室,以减少热量损失和风对日光温室的破坏。③不能在窝风处建造日光温室,窝风的地方应先打通通风道后再建日光温室,否则,由于通风不良,会导致作物病害严重;同时,冬季积雪过多,对日光温室也有破坏作用。④建造日光温室以沙质壤土为最好,这样的土质地温高,有利于作物根系的生长。如果土质过黏,应加入适量的河沙,并多施有机肥料加以改良。如土壤碱性过大,建造日光温室前必须施酸性肥料加以改良,才能建造日光温室。⑤低洼内涝的地块不能建造日光温室,必须先挖排水沟后再建日光温室;地下水位太高,容易返浆的地块,必须多垫土,加高地面后才能建造日光温室,否则,地温低,土壤水分过多,不利于作物根系生长。⑥建造日光温室的地点水源要充足,交通方便,有供电设备,以便于温室的管理和产品运输。

二、寿光日光温室的结构设计与建造

就骨架材料而言,目前寿光推广的日光温室分为标准型和普通型两种。标准型为单立柱钢筋骨架结构,前坡采用钢管钢筋拱架,无前立柱和中立柱,只有后立柱,后立柱多为钢管。普通型为多立柱钢木混合结构,内设6~7排水泥立柱,采用镀锌管作拱梁,竹竿作拱杆。就跨度而言,寿光日光温室有9.5米、10.2米、11.0米、11.4米、12.1米多种形式;就立柱而言,寿光日光温室分为单立柱结构、六立柱结构、七立柱结构等3种结构。目前,寿光市推广面积最大的日光温室棚型主要有六立柱114型日光温室、七立柱121型日光温室、单立柱110型日光温室3种。

(一)六立柱114型日光温室

1. 结构参数

①温室下挖1米,总宽15.4米,后墙外墙高3.4米,山墙外墙顶高4.7米,墙下体厚4米,墙上体厚1.5米,走道加水渠宽0.6米,种植区宽10.8米。结构为土压墙体,钢筋竹竿混合式拱架。

②立柱6排,一排立柱(后墙立柱)长6.1米,地上高5.3米,至二排立柱距离1米。二排立柱长6.3米,地上高5.5米,至三排立柱距离2米。三排立柱长6.1米,地上高5.3米,至四排立柱距离2.6米。四排立柱长5.3米,地上高4.5米,至五排立柱距离2.8米。五排立柱长4米,地上高3.2米,至六排立柱距离3米。六排立柱(前立柱)长1.8米,地上高1米。

③采光屋面平均角度为23.1°左右,后屋面仰角45°。前立柱与第五排立柱之间、第五排立柱与第四排立柱之间和第四排立柱与第三排立柱之间的平均切线角度,分别为36.3°、24.9°和17.1°左右。

2. 剖面结构图　见图1-1。

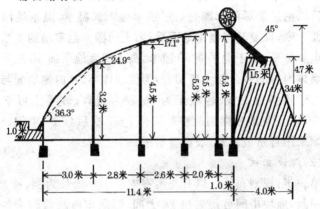

图1-1　六立柱114型日光温室结构图示

3. 建　造

(1)建造墙体　采用推土机和挖掘机相配合的方法建造墙体。将20厘米深的熟化土层(阳土)推向棚址南侧,待墙体建完后,整平温室地面后阳土再回棚。建墙体的关键是土壤的湿度和墙体的上土厚度。如果打墙前土壤湿度较小,在动工前5～7天围埝30～40厘米,浇足水,以确保建墙质量。每层的上土厚度是保证墙体质量重要的保障措施,在土壤湿度合适的情况下,地平面以上墙体高度为3.4米,一般需要8～10层土,每层土都要反复碾压,碾压一层用挖掘机再放一层土。如此反复,一直把墙体碾压到要求的高度。

把反复压实的墙体雏形用推土机将上口推平,后墙体外墙高度为3.4米。沿墙内侧先画好线,用挖掘机切去多余的土,随切随平整地面。墙体后坡形成自然坡。墙体建成后,墙基高4米,上口宽1.5米。东、西山墙也按相同方法砌好,两山墙顶部靠近后墙中心向南2.4米处再起高1.3米,建成山墙山顶。山顶向南0.6米、

2.6米、5.2米、8米处高度分别为4.5米、4.3米、3.5米、2.2米，使山顶以南呈拱形面。砌完后形成半地下式温室，温室地面低于地平面1米，反复整平温室地面后，阳土回棚。温室前约3米长的地面也要推平，低于地平面60厘米，高于温室地平面40厘米。

墙体内侧的多余墙土要切齐，为使墙体牢固，内侧墙面与地面要有一个倾斜角，一般轻壤土为80°较为适宜，砂壤土可掌握在75°～80°。温室地平面用旋耕犁旋耕1～2次后整平、整细。后墙的外侧采用自然坡形式，坡面要整平。

（2）埋设立柱

第一步：规划布线。以日光温室内径100米长为例，按照3.5米为一间，地块中间可规划出28大间，温室东西两端剩下各1米的两小间。按照此规划，分别用卷尺测量出每一间的具体位置，而后南北向进行布线。

第二步：定"标尺"。"标尺"是指用于其他立柱埋设时参照的标准立柱。一般是以温室东西两端的立柱作为"标尺"。以寿光市建造温室为例，温室后墙内高4.4米，选用的各排立柱高度分别为：第一排加重立柱6.1米（偏北斜5°）、第二排加重立柱6.3米（直立）、第三排立柱6.1米（偏南斜3°）、第四排立柱5.3米（偏南斜5°）、第五排立柱4米（偏南斜5°）。在选好立柱之后，再根据布线图，分别把温室东西两端的两列立柱埋设好即可。立柱的下埋深度均为80厘米。

第三步：分次埋柱。以温室东西两端的"标尺"为准，按照由外到内的顺序依次埋柱。其方法是：埋设第一排立柱时，先将用于第一排的立柱，从其上端往下测量并标记出3米的位置。然后，在"标尺"立柱（从其上端往下）3米处东西向拉一条标线，立柱埋设后，标线要与立柱的3米标记处重合。按照此方法，再埋设第五排立柱，最后，埋设其他各排立柱。

（3）处理后坡　要抓好以下5个要点。

要点一：埋设后砌柱。在整平温室后墙顶部后,东西向拉线,分别确定后砌柱的埋设点。先将温室内后墙根处的第一排立柱埋设好,而后分别再把温室东端和西端的两根后砌柱(每根长2米)摆放在第一排立柱之上,并稍加固定,待确定好其与水平线的夹角后,再把后砌柱埋设好,并用铁丝将其与第一排立柱相连接。然后,在埋设好的两根立柱下方按东西向拉1条工程线,以作参照。其余后砌柱便按照同样的方法,依次埋设好即可。后砌柱的一端要伸出第一排立柱约40厘米,以备安装温室骨架。后砌柱的另一端埋入墙内约20厘米。

要点二：铺拉钢丝。首先在温室一端的底部埋设地锚,然后拴系好钢丝,将其横放在后砌柱之上,并每间隔1根后砌柱捆绑1次,最后将钢丝的另一端用紧线机固定牢。钢丝间距10~15厘米。

要点三：覆盖保温、防水材料。第一步,选一宽为5~6米、与温室同长的塑料薄膜,一边先用土压盖在距离后墙边缘20厘米处,而后再将其覆盖在"后屋面"的钢丝温室棚面上。温室棚面顶部可再东西向拉一条钢丝,固定塑料薄膜的中间部分。第二步,把事先准备好的草苫或苇箔等保温材料(1.8米宽)依次加盖其上,注意保温材料的下边缘要在塑料薄膜之上。第三步,为防雨雪浸湿保温材料,需再把塑料薄膜剩余部分"回折"到草苫和毛毡之上。

要点四：上土。从温室一端开始,使用挖掘机从温室后取土,然后将土一点点地堆砌在"后屋面"上,每加盖30厘米厚的土层,可用铁锹等工具稍加拍实。另外,要特别注意上土的高度,以不超过温室屋顶为宜,且要南高北低。

要点五："护坡"。在平整好"后屋面"土层后,最好使用一整幅塑料薄膜覆盖后墙。温室屋顶和后墙根两处东西向各拉一根钢丝将其固定。

(4)处理前坡

①建造前坡面　在两山墙前坡上各放置两排直径为6厘米左

右的木棒作垫木,并填草泥使木棒埋入山墙内。

②架置横杆和拱杆 在前斜立柱上端槽口处顺东西方向依次绑好横杆,横杆是直径 5 厘米的钢管。同时绑好南北坡向的拱杆,拱杆是用长 14.5 米左右、直径 5 厘米的钢管。拱杆应呈拱形,并紧紧嵌入各排立柱顶端的槽口中,用 12 号铁丝穿过立柱槽口下边备制孔,把拱杆绑牢固。拱杆与横杆衔接处要整平整,并用废旧塑料薄膜或布条缠起来,以防扎坏棚膜。绑好后的所有拱杆必须保持在同一拱面上。

③上前坡钢丝 钢丝在拱杆上间隔 30 厘米均匀铺设,并拉紧固定在两山墙外边的地锚备接铁丝上。最靠近温室屋顶部的一根钢丝与后立柱上后砌柱顶端处钢丝之间的距离约为 20 厘米。拱杆上与拉紧钢丝交叉处用 12 号铁丝绑牢。

④绑垫杆 在拉紧的铁丝上要绑上垂直于拉紧钢丝的细竹竿,即垫杆。垫杆是用直径 2 厘米左右、长 2~3 米的细竹竿,几根细竹竿接起来,接头一定要平滑,从温室前缘一直到棚顶,并用细铁丝紧绑于东西向拉紧的钢丝上。相邻垫杆的间距为 60 厘米左右。

⑤粘接塑料棚膜 一般选用幅宽为 3 米、厚度为 0.11 毫米的 4 块聚氯乙烯功能滴膜,热压缝 5 厘米粘成整体棚膜,在整体棚膜覆盖顶部的一边粘上一道 2 厘米的“裤”,裤里穿上 22 号钢丝,以备上棚膜后,通过东西拉紧钢丝,固定天窗通风口的宽度,防止棚膜松动。在“裤”下方 8 米处再粘合一道“裤”,裤里穿上 22 号钢丝,作为下通风口的固定钢丝用,以防止下通风口通风时棚膜松动。另用 2~3 米宽、与温室一样长的塑料膜,在一个边都粘合上一道 2 厘米宽的“裤”,穿上 22 号钢丝,作为盖敞天窗通风口用。

⑥上棚膜 选择晴朗、无风、温度较高的天气,于中午进行上膜。上膜之前先把塑膜抻直晒软,然后用长 7 米、直径 5~6 厘米的 4 根竹竿分别卷起棚膜的两端,再东西同步展开放到温室前坡

架上。当温室屋顶和前缘的人员都抓住棚膜的边缘，并轻轻地拉紧对准应盖置的位置后，两端的人员开始抓住卷膜杆向东西两端方向拉棚膜，把棚膜拉紧后，随即将卷膜竹竿分别绑于山墙外侧地锚的钢丝上。在上棚膜时，由上坡往下坡展顺膜面，在顶部留出80～100厘米宽与温室等长的天窗通风口不盖整体膜。上完整体棚膜，随即上天窗通风口敞盖膜，将其有裤鼻的一边放在南边（即天窗通风口南边），先把穿在裤鼻里的14号钢丝连同薄膜一块轻轻地抻展开，当此膜压在整体膜上方靠南20厘米处（即盖过天窗通风口），拉紧固定在两山墙的地锚上。其后边盖过温室棚脊并向后盖过后坡将其拉紧，用泥巴盖在后坡及温室棚脊上的一边压住，并将泥抹严。在此通风口钢丝上分段设置上5～6组（三间长设1组，每组3个滑轮）敞盖天窗膜的滑轮，以便于顶部通风用。

⑦上压膜线　采用专用的尼龙绳压膜线压棚膜。按前坡拱形面长度加150厘米截成段备用。在上压膜线之前，应事先在温室前东西向每隔1.2米处备置好1个地锚，以备拴系压膜线。并将其埋在紧靠温室前角外，深度40厘米。上压膜线时，上端拴在温室棚脊之后东西向拉紧的钢丝上，拉紧到一定程度后，下头拴在前角外的地锚上。温室上好压膜线后，由于垫杆向上支撑棚膜，而压膜线于两垫杆中间往下压棚膜。

（5）上草苫　草苫一般用稻草和尼龙绳编织而成，稻草苫的长度一般是从温室棚脊至前窗底脚处地面的长度上再加长1.5米。草苫的厚度和宽度因不同气候、不同地理纬度而不同，在北纬39°～41°的严寒地区，一般草苫为6厘米厚，1.1～1.3米宽。在北纬36°～38°的地区，一般草苫的厚度为5厘米左右、宽度1.3～1.5米。在北纬35°以南地区，一般草苫厚3～4厘米、宽1.4～1.5米。每床草苫的重量为50～100千克。上草苫的方法有两种：一种是在温室屋顶的后边有一道东西拉紧的钢丝把草苫从后坡搬至温室屋顶后部，一端固定在钢丝上，同时在草苫底下固定两根套拉草苫的拉绳,每根拉绳的长度应为草苫长度的 2 倍再加长 2 米,拉绳最好是尼龙防滑绳或麻绳,以便于放、拉草苫;另一种是把草苫搬到温室前,从棚面上铺上温室屋顶,顶部固定在后坡钢丝上。草苫的覆盖方法也有两种:一种是从东至西依次摆放,覆盖时采取覆瓦状,即西边一床草苫的东边压着相邻东边一床草苫的西边 10 厘米,从温室的后坡顶部覆盖到前坡前窗脚前的地面。最西边草苫的西边,要用一条尼龙绳或麻绳从后坡顶部至前坡前窗脚压紧,防止大风揭帘。另一种是从东至西先隔 1 个草苫覆盖 1 个草苫,盖到温室西边后,再由西到东把未覆盖处用草苫覆盖,使其两边压着相邻草苫的相邻边。现在电动卷帘机的使用已普及,在使用电动卷帘机时上草苫的方法基本与第二种方法相同。

(二)七立柱 121 型日光温室

1. 结构参数

①温室下挖 1 米,总宽 16.1 米,后墙外墙高 3.6 米,后墙内墙高 4.6 米,山墙外墙顶高 5 米,墙下体厚 4 米,墙上体厚 1.5 米,内部南北跨度 12.1 米,走道设在温室内最南端(与其他棚型相反),也可设在温室内北端,走道加水渠宽 0.6 米,种植区宽 11.5 米。

②立柱 7 排,一排立柱(后墙立柱)长 6.4 米,地上高 5.6 米,至二排立柱距离 1 米。二排立柱长 6.6 米,地上高 5.8 米,至三排立柱距离 2 米。三排立柱长 6.4 米,地上高 5.6 米,至四排立柱距离 2 米。四排立柱长 5.8 米,地上高 5 米,至五排立柱距离 2.2 米。五排立柱长 5 米,地上高 4.2 米,至六排立柱距离 2.4 米。六排立柱长 3.8 米,地上高 3 米,至七排立柱距离 2.5 米。七排立柱(戗柱)长 1.8 米,地上与棚外地平面持平,高 1 米。

③采光屋面平均角度为 23.1°左右,后屋面仰角 45°。前立柱与六排立柱间、六排立柱与五排立柱间、五排立柱与四排立柱间和四排立柱与三排立柱间的平均切线角度,分别为 38.7°、26.6°、

20.0°和16.7°左右。

2. 剖面结构图　见图1-2。

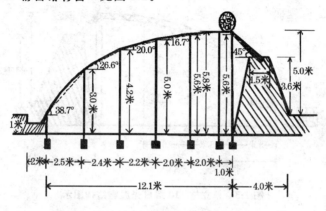

图1-2　七立柱121型日光温室结构图示

3. 建造　依据结构参数,参照六立柱114型日光温室建造技术进行建造。

(三)单立柱110型日光温室

1. 结构参数

①单立柱钢筋骨架结构日光温室,下挖1米,总宽15米,内部南北跨度11米,后墙外墙高3.4米,后墙内墙高4.4米,山墙外墙顶高4.7米,墙下体厚4米,墙上体厚1.5米,走道和水渠设在温室内最北端,走道加水渠宽0.6米,种植区宽10.4米。

②仅有后立柱,种植区内无立柱。后立柱地上高5.3米。

③采光屋面参考角平均角度为23.1°左右,后屋面仰角为45°左右。前窗与距前窗檐3米处、距前窗檐3米处与距前窗檐5.8米处、距前窗檐5.8米处与距前窗檐8.4米处的平均切线角度分别为36.3°、24.9°和17.1°左右。

2. 剖面结构图 见图1-3。

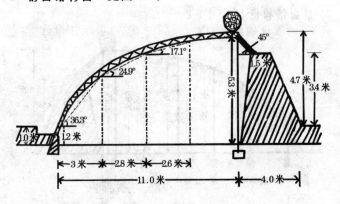

图1-3 单立柱110型日光温室结构图示

3. 建 造

(1)建造墙体 同六立柱114型日光温室。

(2)预制墙顶 墙体砌好后,从顶部内缘平铺一层0.06厘米厚的塑料薄膜,一直铺到外墙底部,以防止漏雨浸垮墙体。在内墙墙缘向北0.6米处,东西向每1.5米埋一块预埋铁,以备焊接铁梁用。

(3)埋设后立柱基座 每隔1.5米在紧靠后墙体内侧挖一个0.3米×0.3米×0.4米深的坑预制水泥基座,并预埋铁块以便焊接后立柱用。

(4)焊制钢架拱梁 ①温室内每隔1.5米设钢架拱梁1架,100米长的温室共计设66架拱梁。②焊制前坡拱梁要选取国标3.96厘米(1.2寸)镀锌管与3.3厘米(1寸)镀锌管焊成双弦(或3弦)拱架,用6.5毫米钢筋拉花焊成直角形。主要采光面平均角为23.1°。③找一平整场地,根据日光温室宽度、高度和前坡棚面角角度,在地面做一模型,在模型线上固定若干夹管用的铁桩,根据模型焊制钢梁,这样既标准又便利,钢架采用上、下两层镀锌管,中间焊接三角形圆钢支撑柱,上层受力大用 3.96 厘米(1.2 寸)钢管,下层用 3.3 厘米(1 寸)钢管,焊好待用。

(5)前缘埋设钢梁预埋件 在日光温室前缘按设计宽度东西向砌直并垂直于日光温室栽培面,夯实地基,东西向每隔 1.5 米(与后立柱对齐)埋设一个预埋件,以备安装时焊接钢梁用。

(6)焊接立柱 用直径为 8.25 厘米(2.5 寸)的钢管作立柱,在栽培面以上 5.3 米东西向每隔 1.5 米焊接 1 根在立柱基座上,焊接时向北倾斜 5°,加大支撑后坡的压力与重力,立柱上端顺前坡方向焊接 7 厘米长的 5 厘米×5 厘米角铁一块。

(7)制后坡上棚架 截取 1 米长的 5 厘米×5 厘米角铁 1 根在立柱顶端向下 0.9 米处南北焊接,南端焊在立柱上,北端焊在后墙预埋件上;再截取 1 根 1.8 米长的 5 厘米×5 厘米角铁,上端焊在立柱顶端,下端焊接在后墙预埋件上,后坡形成等腰三角形(即后坡角度为 45°);在顺东西向沿立柱上端外侧,焊接 1 根 5 厘米×5 厘米角铁,东西两端焊接于两山墙预埋件上,以此向下在 1.8 米长的角铁上等间距焊接 2 根相同的角铁。后坡焊好后即可上拱梁,拱梁南北向后端焊接于立柱顶端 5 厘米×5 厘米角铁上,下缘焊于立柱上,前端焊接于前墙预埋件上。注意一定要使钢梁向下垂直地面,南北向垂直于后墙。

(8)拉钢丝 拉钢丝的方法同六立柱 114 型日光温室。

(9)上后坡 在北纬 34°~38°地区,后坡保温采用 10 厘米厚聚氨酯泡沫板,长度以上端扣在上部角铁内,下部放在后墙顶部为宜。为节约建棚费用,在纬度 34°以南地区,由于天气较暖,保温板可适当薄一些,而在纬度 38°以北地区要加厚。保温板铺好后放一层钢网、水泥预制板 10 厘米厚,也可用水泥板替代预制板,但是水泥板易开裂不利于防水。

(10)上棚膜和上草苫 膜下垫杆捆扎,上棚膜和上草苫同六立柱 114 型日光温室。

三、日光温室保温覆盖形式

(一)日光温室保温覆盖的主要方法

1. 塑料薄膜(浮膜)＋草苫＋日光温室薄膜 简称"两膜一苫"覆盖形式,在山东省寿光市统称"日光温室浮膜保温技术"。浮膜覆盖是日光温室深冬生产西葫芦时,傍晚放草苫后在草苫上面盖上一层薄膜,周围用装有少量土的编织袋压紧。浮膜一般用聚乙烯薄膜,幅宽相当于草苫的长度,浮膜的长度相当于日光温室的长度,厚度为 0.07~0.1 毫米。

该覆盖形式有以下优点:①保温效果好,深冬夜间温室内温度盖浮膜的比不盖的高出 2℃~3℃。②草苫得到保护,盖浮膜的日光温室比不盖的草苫能延长使用 1~2 年。③减轻劳动强度,过去在冬季夜晚,如果遇到雨雪天气,都要冒雨、冒雪到日光温室上把草苫拉起,防止雨水淋湿草苫或雪无法清除,如果盖上浮膜后再遇到雨雪天,可放心在家休息。

目前浮膜大都是普通的塑料膜,保温性能较差。寿光市的菜农在实践中发现一种"有色"浮膜,其浮膜正面为黑色,反面为白色,用起来效果很好,其优点是:太阳出来后,吸热快,浮膜上的霜冻融化得也快,能较早揭开草苫,增加温室内的光照时间,提高温室温度,有利于西葫芦的生长。另外,该膜要比一般棚膜厚,抗拉性强,耐老化,价格也不是很贵。

此项技术起源于三元朱村,在寿光市科技人员的努力下,得到了很好的推广,目前有 90%的日光温室用上了这项技术。

2. 塑料薄膜(浮膜)＋草苫＋日光温室薄膜＋保温幕 该覆盖形式是在"两膜一苫"覆盖形式的基础上,在日光温室内再增加一层活动的薄膜棚,利用两层农膜把温室内热量积聚起来,不易散

发,从而提高保温性能,可较单一的"两膜一苫"覆盖形式提高温度
3℃～5℃。这种保温覆盖形式主要用于深冬季节,特别是出现连
续阴雪天气时,其他季节一般不用。在山东寿光地区该覆盖形式
统称"棚中棚"。"棚中棚"具体建造方法是:在温室内吊蔓钢丝的
上部再覆上一层薄膜,薄膜覆上后用夹子将其固定;在日光温室前
端距棚膜50厘米处,顺应日光温室膜的走向设膜挡住;在日光温
室后端、种植作物北边,上下扯一层薄膜,其高度与上部膜一致,该
膜不固定,以便于通风排湿。

"棚中棚"的管理与温室一样,晴天拉开草苫,当温室内温度不
再明显下降时,要及时拉开二层内棚,寒流过后可把内棚全放开,
以增加光照。"棚中棚"在管理中应注意早上不宜过早通风,要在
温室内见光1小时后考虑通风,一是增加光合作用强度,提高温室
内二氧化碳利用率,使光合作用能顺利进行;二是晚通风,升温快,
能降低温室内空气相对湿度,达到减轻病害的目的。在连续阴雨
雪天时,温室内以保温为主,可不通风,但天气突然放晴时,要注意
拉花帘缓慢通风,以免植株适应不了外界条件而出现萎蔫的情况,
从而发生死棵现象。

3. 日光温室前脸设置三幅保温膜　在深冬季节,如何有效地
进行温室保温呢?寿光市有经验的菜农在温室内设置了第二层膜
("棚中棚"),效果良好。可是,温室前脸处由于没有墙体的保护,
到了夜间,易与外界空气和土层发生热量交换,使得该处降温幅度
较大,不利于西葫芦秧苗的正常生长。在温室前脸处设置三幅保
温膜,很好地解决了保温问题。

第一幅膜:设置在最靠近温室前脸棚膜处,两者间距10厘米
左右。第一幅膜采用幅宽为1.6米的白色地膜。在温室前脸处,
先东西向拉一根细钢丝,注意要在垫杆下方。而后将薄膜的上边
缘用胶带粘在钢丝上,上下拉紧后,用土将其下边缘压住。该膜的
作用,一是可阻隔顺着棚膜流淌下的水滴蒸发,降低温室内湿度;

二是形成隔层,减少温室内外的热量交换。

第二幅膜:设置位置在第一幅的内侧,两者之间同样间隔 10 厘米左右。该幅膜与温室内的二膜一并设置,二膜即设置在温室内吊蔓钢丝上的保温膜。同样,温室前脸处的二膜直接依次固定在南北向吊蔓钢丝上,其下边缘也用土压住即可。设置好温室内二膜以后,西葫芦秧苗就相当于处在一间平房内,从而增强了保温性。

第三幅膜:该膜处在二膜的内侧,为了设置方便,需用竹条搭设拱架,即竹条一头插在土里,另一头弯向北侧,最后捆绑在温室内立柱上。待竹条搭设好,便可在其上覆盖第三幅保温膜,上边缘用胶带粘,下边缘用土压。第三幅膜最好做成活动式的,白天可撤下以提高温度,夜间覆上保温。三幅保温膜具体设置方法见图1-4。

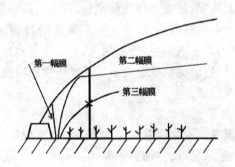

图1-4 日光温室前脸设置3幅保温膜图示

(二)棚膜的选择

目前日光温室的覆盖材料主要是塑料薄膜,其中最常用的棚膜按树脂原料可分为 PVC(聚氯乙烯)薄膜、PE(聚乙烯)薄膜和 EVA(乙烯-醋酸乙烯)薄膜 3 种。这 3 种棚膜的性能不同,PVC 棚膜保温效果最好,易粘补,但易污染,透光率下降快;PE 棚膜透光性好,尘污易清洗,但保温性能较差;EVA 棚膜保温性和透光率介于 PE 和 PVC 棚膜之间。在实际生产中,为增加棚膜的无滴性,常在树脂原料中添加防雾剂,PVC 棚膜和 EVA 棚膜与防雾剂的相容性优于 PE 棚膜,因而无滴持续时间较长。据调查,目前我国生产的 PE 多功能膜的无滴持续时间一般为 2～4 个月,PVC 和 EVA 棚膜可达 4～6 个月。当前,PE 棚膜应用最广,数量最大,其次是 PVC 棚膜,EVA 棚膜也开始试用。

生产中按薄膜的性能、特点,棚膜又分为普通棚膜、长寿棚膜、无滴棚膜、长寿无滴棚膜、漫反射棚膜和复合多功能棚膜等。其中普通棚膜应用最早,分布最广,用量最大;其次是长寿棚膜和无滴棚膜。近年来,长寿无滴棚膜也有了较快的发展。目前我国生产的棚膜主要有以下几种。

1. PE(聚乙烯)普通棚膜　这种棚膜透光性好,无增塑剂污染,尘埃附着轻,透光率下降缓慢,耐低温(脆化温度为 −70℃);密度轻(0.92),相当于 PVC 棚膜的 76%,同等重量的 PE 膜覆盖面积比 PVC 膜增加 24%;红外线透过率高达 87%～90%,夜间保温性能好,且价格低。其缺点是透湿性差,雾滴重;不耐高温日晒,弹性差,老化快,连续使用时间通常为 4～6 个月。日光温室上使用基本上每年都需要更新,覆盖日光温室越夏有困难。PE 普通棚膜厚度为 0.06～0.12 毫米,幅宽有 1 米、2 米、3 米、3.5 米、4 米、5 米等规格。

2. PE 长寿(防老化)棚膜　在 PE 膜生产原料中,按比例添加紫外线吸收剂、抗氧化剂等,以克服 PE 普通棚膜不耐高温日晒、易老化的缺点。其他性能特点与 PE 普通膜相似。PE 长寿棚膜是我国北方高寒地区温室越冬覆盖较理想的棚膜,使用时应注意减少膜面积尘,以保持较好的透光性。PE 长寿膜厚度一般为 0.12 毫米,宽度规格有 1 米、2 米、3 米、3.5 米等,可连续使用 18～24 个月。

3. PE 复合多功能膜 在 PE 普通棚膜中加入多种特异功能的助剂,使棚膜具有多种功能。如北京塑料研究所生产的多功能膜,集长寿、全光、防病、耐寒、保温为一体,在生产中使用反映效果良好。在同样条件下,其夜间保温性比普通 PE 膜提高 1℃～2℃,每 667 平方米温室使用量比普通棚膜减少 30%～50%。复合多功能膜中如果再添加无滴功能,效果将更为全面突出。PE 复合多功能膜厚 0.06～0.08 毫米,幅宽有 1 米、1.5 米、2 米、4 米、8 米等规格,有效使用寿命为 12～18 个月。

4. PVC(聚氯乙烯)普通棚膜 透光性能好,但易粘吸尘埃,且不容易清洗,污染后透光性严重下降。红外线透过率比 PE 膜低(约低 10%),耐高温日晒,弹性好,但延伸率低。透湿性较强,雾滴较轻;比重大,同等重量的覆盖面积比 PE 膜小 20%～25%。PVC 膜适于作夜间保温性要求高的地区和不耐湿作物设施栽培的覆盖物。PVC 普通棚膜厚度为 0.08～0.12 毫米,幅宽有 1 米、2 米、3 米等规格,有效使用期为 4～6 个月。

5. PVC 双防膜(无滴膜) PVC 普通棚膜原料配方中按一定配比添加增塑剂、耐候剂和防雾剂,使棚膜的表面张力与水相同或相近,薄膜下面的凝聚水珠在膜面可形成一薄层水膜,沿膜面流入温室底部土壤,不至于聚集成露滴久留或滴落。由于无滴膜的使用,可降低温室内的空气相对湿度;露珠经常下落的减少可减轻某些病虫害的发生。更值得说明的是,由于薄膜内表面没有密集的雾滴和水珠,避免了露珠对阳光的反射和吸收,增强了温室光照,透光率比普通膜高 30% 左右。晴天升温快,每天低温、高温、弱光的时间大为减少,对设施中作物的生长发育极为有利。但透光率衰减速度快,经高强光季节后,透光率一般会下降至 50% 以下,甚至只有 30% 左右;旧膜耐热性差,易松弛,不易压紧。同时,PVC 无滴棚膜与其他棚膜相比,密度大,价格高。PVC 双防膜厚度为 0.12 毫米,幅宽有 1 米、2 米、3 米等规格,有效使用期 8～10 个月。

6. EVA 多功能复合膜　这是针对 PE 多功能膜雾度大、流滴性差、流滴持效时间短等问题研制开发的高透明、高效能薄膜。其核心是用含醋酸乙烯的共聚树脂,代替部分高压聚乙烯,用有机保温剂代替无机保温剂,从而使中间层和内层的树脂具有一定的极性分子,成为防雾滴剂的良好载体,流滴性能大大改善,雾度小,透明度高,在日光温室上应用效果最好。EVA 多功能复合膜厚度为 0.08~0.1 毫米,幅宽有 2 米、4 米、8 米、10 米等规格。

(三)对草苫的要求及草苫的覆盖形式

1. 对草苫的要求

(1)草苫要厚　一般成捆的草苫平均厚度应不小于 4 厘米。

(2)草苫要新　新草苫的质地疏松,保温性能比较好,陈旧草苫质地硬实,保温效果差,不宜选用。另外,要选用用新草编制的草苫,不要选用陈旧草或发霉的草编制草苫。

(3)草苫要干燥　干燥的草苫质地疏松,保温性好,便于保存,而且重量轻,也容易卷放。

(4)草苫的密度要大　草苫密度大的保温性能好,最好用人工编制的草苫,不要用机器编制的草苫,机器编制的草苫多比较疏松,保温性差,也容易损坏。

(5)草苫的经绳要密　经绳密的草苫不容易脱把、掉草,草把间也不容易开裂,草苫的使用寿命长,保温性能也比较好。一般幅宽为 1.2 米的草苫,其经绳道数应不少于 8 道。

2. 草苫的覆盖形式　日光温室覆盖草苫,一般采用"品"字形覆盖法,即在覆盖草苫时,在温室棚面上呈"品"字形摆放,其中两个草苫在下,中间预留 30~40 厘米的空隙,待底层草苫覆盖完毕后,再在每两个草苫中间加盖一个草苫,以增强温室的整体保温效果。此法覆盖草苫,既方便人工拉放草苫,又适合使用卷帘机拉放草苫。

传统的草苫覆盖法,多为上面草苫压盖下面草苫,除了保温效果不及"品"字形覆盖法外,而且由于传统覆盖法是将草苫连接在一块,两个草苫之间重合面积小,一旦遇到大风,还易被逐个刮起。另外,传统覆盖法仅适合于人工拉放单个草苫,不适合使用卷帘机整体拉放草苫(卷帘机通过卷杆把所有草苫一块上卷,草苫采用传统覆盖法覆盖,使用卷帘机拉起后,易出现倾斜,危险系数增大)。

草苫"品"字形覆盖法的具体操作流程可分以下几步:第一步,布设固定钢丝。为了防止草苫下滑脱落,需在温室后墙上缘东西方向布设一条固定钢丝,将草苫一头固定在钢丝上。具体方法是:先在温室后墙的东西两侧埋设深 50 厘米的地锚,然后把钢丝一头拴在地锚扣上,另一头再用紧线机拉紧即可。第二步,摆放草苫。根据温室的长度和草苫的规格,确定使用草苫的数量。而后把所有草苫一一摆放在温室的后墙上待用。在一般情况下,宽度约1.6 米的新草苫,两个成年人从温室东墙或西墙上便可将草苫抬放到温室后墙上。若使用 2.5～3 米宽的加宽草苫,这种草苫较重,不便于人工抬放,可以使用小型吊车,从温室的后面一一将草苫吊放上去。第三步,覆盖草苫。在草苫按照顺序摆放到温室后墙上后,先用铁丝将草苫的一头固定在东西方向的钢丝上,再一一把草苫沿着棚面滚放下来,呈"品"字形摆放。假若人工拉放草苫,宜提前把拉绳放在草苫下面;若使用卷帘机拉放草苫,在草苫摆放调整好后,将其下端固紧在卷杆上,而后开动卷帘机,试验一下拉放效果。若草苫出现倾斜,应先停止卷帘机,再进行调整,以防止发生意外事故。

3. 草苫的揭盖管理 草苫的揭盖直接关系到日光温室内的温度和光照。在揭盖管理上,应掌握在上午揭草苫的适宜时间,以有直射光照射到前坡面,揭开草苫后温室内气温不下降为宜。盖草苫的时间,原则上在日落前温室内气温下降至 15℃～18℃时覆盖。正常天气掌握在上午 8 时左右揭,下午 4 时左右盖。一般雨雪天,温室内气温不下降就要揭开草苫。大风雪天,揭草苫后温室内温度明显下降,可不揭开草苫,但中午要短时揭开或随揭随盖。连续阴天时,尽管揭苫后温室内气温下降,仍要揭开草苫,下午要比晴天提前盖草苫,但不要过早。连续阴天后的转晴天气,切不可猛然全部揭开草苫,应陆续间隔揭开;中午阳光强时可将草苫暂时放下,至阳光稍弱时再揭开。雪天及时清扫草苫上的积雪,以免化雪后将草苫弄湿。在最寒冷天气,夜间温室内最低温度出现 10℃以下的低温时,应在草苫上再加盖一层旧薄膜或一层草苫,前窗加围苫。

四、寿光日光温室的主要配套设施

(一)顶风口

1. 顶风口的设置　日光温室前屋面的上面留出一条长宽约 50 厘米的通风带,通风带用一幅宽为 1~1.5 米的窄膜单独覆盖。窄幅膜的下边要折叠起一条缝,缝边粘住,缝内包一根细钢丝,上膜后将钢丝拉直。包入钢丝的主要作用,一是通风口合盖后,上下两幅膜能够贴紧,提高保温效果;二是开启通风口时,上、下拉动钢丝,不损伤薄膜;三是上、下拉动通风口时,用钢丝带动整幅薄膜,通风口开启的质量好,工效也高。

2. 通风滑轮的应用　过去的日光温室覆盖的棚膜为一个整体,通风时要一天几次爬到温室屋顶上去,既增加了劳动强度,又不安全;而通风滑轮的应用是 1 个日光温室上覆盖大、小两块棚膜,通过滑轮和绳索调节通风口的大小,既节约时间,又安全省事。

安装方法:将定滑轮 A 和 B 固定在窄幅膜下的温室棚架下方(在膜下面),定滑轮 C 固定在宽幅膜下的棚架上(在膜上面)。为保护棚膜,可把定滑轮 C 固定在压膜线上,把通风绳、闭风绳的一端均拴在窄幅膜下边的细钢丝上,最后将通风绳绕过定滑轮 A、闭风绳依次绕定滑轮 B 和定滑轮 C 即可。通风时,拉动通风绳;闭风时,拉动闭风绳。平常为了预防通风口扩大或缩小,可把两绳拉紧,系在温室内的立柱或钢丝上(图 1-5)。

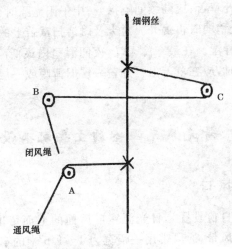

图 1-5　通风滑轮安装图示

3. 顶风口处设挡风膜　在冬季,尤其是深冬期,在日光温室通风口处设置挡风膜是非常必要的。其好处:一是可以缓冲温室外冷风直接从风口处侵入,避免冷风扑苗;二是因通风口处的棚膜多不是无滴膜,流滴较多,设置挡风膜可以防止流滴滴落在下面的西葫芦叶片上。在夏季,挡风膜可阻止干热风直接吹拂在西葫芦叶片上,减轻病毒病的发生。

挡风膜设置简便易行,就是在日光温室顶风口下面设置一块膜,长度和温室长相等,宽为 2 米,拉紧扯平,固定在日光温室的立柱和竹竿上,固定时要把挡风膜调整成北低南高的斜面,以便使挡风膜接到的露水顺流到日光温室北墙根的水渠内。挡风膜的设置位置如图 1-6 所示。

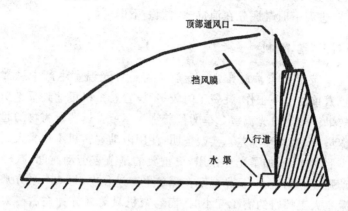

图 1-6 挡风膜的设置图示

挡风膜的安装方法是：将宽度为 2 米的挡风膜的两侧用粘膜机粘一个 2～3 厘米的"布袋"，然后上侧"布袋"中穿一根比温室长出 6～8 米的钢丝，在通风口下南边 30～40 厘米的地方，将钢丝固定在温室两头外侧的地锚上，用紧线机抻紧。接着，每隔 15 米使用铁丝将缓冲膜的钢丝与棚面上的钢丝或拱杆固定一下，防止缓冲膜中间下垂。缓冲膜下部使用与温室长度等长的钢丝，穿在缓冲膜"布袋"内抻紧，固定在温室内后侧的立柱上即可。

(二)消毒池

近年来，日光温室土传病害越来越严重，其中人为传播是重要原因。因为生产人员鞋底所带的病菌进温室后即可成为病原，引起土传病害的暴发，所以菜农在帮工时所穿的鞋若不注意杀菌消毒，会造成土传病害的传播。

寿光菜农在温室门口设置的消毒池，可对进入人员的鞋底进行消毒。消毒池的设置方法为：在温室门口设置一个长为 50 厘米、宽为 40 厘米,深为 5～8 厘米的池子,池内放置高锰酸钾等消毒液,进温室时鞋底先在消毒池内蘸一下即可。

(三)卷 帘 机

1. 安装卷帘机的好处　卷放草苫是日光温室生产中经常而又较繁重的一项工作,耗费工时较多,设置卷帘机可达到事半功倍之效果。传统日光温室冬季的覆盖物为草苫。这些覆盖物的起放工作量大、劳动环境差。实践证明:使用电动卷帘机不仅大大延长了光照时间,增加了光合作用,更重要的是节省劳动时间,减轻了劳动强度。据调查,日光温室在深冬生产过程中,每 667 平方米日光温室人工控帘约需 1.5 小时,而卷帘机只需 8 分钟左右。太阳落山前,人工放帘需用 1 小时左右。由此看来,每天若用卷帘机起放草苫,比人工节约近 2 小时的时间,同时延长了室内宝贵的光照时间,增加了光合作用时间。另外,使用电动卷帘机对草苫保护性好,延长了草苫的使用寿命,既降低生产成本,同时因其整体起放,其抗风能力也大大增强。

目前,寿光市 80% 的日光温室安装了卷帘机。

2. 日光温室卷帘机类型　目前使用的卷帘机有两大类型:一种是屈臂式,包括主机、支撑杆、卷杆三大部分,支撑杆由立杆和横杆构成,立杆安装在日光温室前方地桩上,横杆前端安装主机,主机两侧安装卷杆,卷杆随温室棚体长短而定;另一种是轨道式,包括主机、三相电动机、轨道大架、吊轮支撑装置、卷杆等构成。主机两侧安装卷杆,卷杆随温室棚体长短而定。

3. 屈臂式卷帘机安装步骤

第一步,预先焊接各连接活结、法兰盘到管上。根据温室长度确定卷杆强度(一般 60 米以下的温室用直径 60 毫米高频焊管、壁厚 3.5 毫米;60 米以上的温室,除两端各 30 米用直径 60 毫米管外,主机两侧用直径 75 毫米、壁厚 3.75 毫米以上的高频焊管)和长度；焊接卷杆上的间距用一根 0.5 米长、高约 3 厘米的圆钢，立杆与支撑杆的长度和强度：在机头与立杆支点在同一水平的前提下，立杆和支撑杆长度的总和等于温室内跨度加 5 米，支撑杆长度比立杆短 20～30 厘米；长度超过 60 米的日光温室一般支撑杆需用双管(图 1-7)。

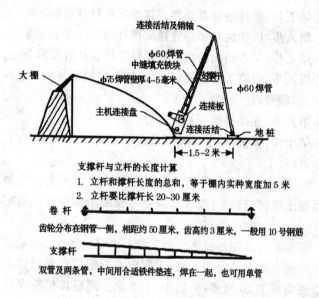

支撑杆与立杆的长度计算

1. 立杆和撑杆长度的总和，等于棚内实种宽度加 5 米
2. 立杆要比撑杆长 20～30 厘米

齿轮分布在钢管一侧，相距约 50 厘米，齿高约 3 厘米，一般用 10 号钢筋

双管及两条管，中间用合适铁件垫连，焊在一起，也可用单管

图 1-7　屈臂式卷帘机安装示意

第二步，草苫或保温被准备。草苫要求厚度均匀，长短一致，垂直固定于卷杆之上，并按"品"字形排列。注意草苫两边交错量要保持一致，若新旧草苫混用时一定要相间排列，尽量做到其左右对称，以免草苫卷动不同步和整体跑偏。

第三步，铺设拉绳。拉绳的作用是用来减轻卷帘机自身重量和卷动作用力对草苫的不良影响。拉绳的合理使用直接关系着草苫的使用寿命和机器的同步与跑正，拉绳的一端固定于温室顶地锚钢丝上,另一端固定于温室下卷帘机的卷轴上,要求每条拉绳工作长度及松紧度保持一致,统一标准。

第四步,在温室前约正中间,距温室1.5～2米处作立杆支点,用直径60毫米、长80厘米左右焊管与立杆进行"T"形焊接作为底座立在地平面,并在底座南侧砸2根圆钢以防止往南蹬走。

第五步,横杆铺好并连接。连接支撑杆与主机。

第六步,以活结和销轴连接支撑杆与立杆并立起来。

第七步,从中间向两边连接卷杆并将卷杆放在草苫上。

第八步,将草苫绑到卷杆上(只绑底层的草苫),上层的草苫自然下垂到卷杆处。

第九步,连接倒顺开关及电源。

第十步,试机,在卷得慢处垫些旧草苫以调节卷速,直至卷出一条直线。

4. 轨道式卷帘机安装步骤　在安装前两天先将地脚预埋件用混凝土浇铸于地下,位置在温室总长的中部并且距温室棚面前方2～3米的地方。

并在正对地脚预埋件温室后墙上固定预埋件。将轨道大架的前端固定在地脚预埋件上,后端固定在温室后墙预埋件上。轨道高出棚面至少70厘米,一般1～1.5米。然后将机头安装在三角形轨道上,并按要求安装机头、电器及连接卷轴(图1-8)。草苫的铺放和试机等同屈臂式卷帘机。

5. 操作方法　由下往上卷帘时,将开关拨到"顺"的位置,卷帘到预定位置时,将开关拨回"关"的位置。由上往下放帘时,将开关拨到"倒"的位置,放帘到预定位置时,将开关拨回"关"的位置。如遇停电,可将手摇柄插入手摇柄插孔进行人工摇动。顺时针摇动向上卷帘,逆时针摇动则向下放帘。

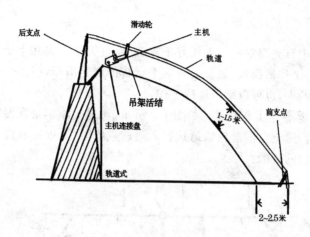

图 1-8 轨道式卷帘机安装示意

(四)棚膜除尘条

日光温室棚膜上的水滴、碎草、尘土等杂物会使透光率下降30%左右。新薄膜在使用过程中,随着使用时间的延长温室内光照会逐渐减弱。因此,要经常清扫,保持棚膜洁净,以增加棚膜的透明度。寿光市菜农在棚膜上设"除尘条"擦拭棚膜的方法简便易行,除尘条随风飘动,自动擦净棚膜,很有推广价值。

除尘条设置的方法是:在新上棚膜的日光温室上每隔1.2米设置一条宽6~10厘米、比棚膜宽度长0.5~1米的布条,两头分别系在温室上部通风口和温室前裙的压膜线上,利用风力使布条摆动除尘,这样布条不会对棚膜造成划伤。

由于布条中间摆幅最大,除尘率可达80%以上,两头摆幅最小,除尘率不足50%,所以菜农还要及时利用抹布将温室南北两端棚膜上的尘土擦去。

(五)温室运输车

　　一个日光温室要运出几万千克蔬菜,过去靠一次几十千克地往外提,工作量很重,如果安装一个运货的滑轮吊车,即使一个力气平常的人,也可以承担这些工作。

　　1. 运输车工作原理　如图1-9所示,轨道运输车是在温室后部的人行道上空沿滑轮轨道运行。运载重物时,通过推或拉达到运输重物的目的。

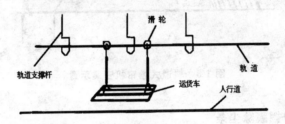

图1-9　日光温室运输车安装示意

　　2. 使用材料　滑轮直径6厘米,必须用钢材做。经过试验,使用铸铁或塑料做的滑轮,承重力小,使用寿命短。滑轮与框架的连接件使用钢筋和钢管,钢筋直径1厘米,长20～30厘米。钢管内径25～30毫米,长100厘米,钢管与框架用钢筋电焊连接。滑轮转轴与钢管之间用钢筋焊连接。运输车的框架可用内径15～20毫米的钢管,也可用4厘米×4厘米的角钢。四边框用电焊连接。框架中间再焊接2根钢管或角钢。也可不用框架,将连接滑轮两钢管均缩短至50厘米,并在两钢管下端焊接一横向钢管,在横向钢管下部焊接直径1厘米的钢筋挂钩。

　　轨道可设置单轨和双轨两种,单轨道用24号钢丝、双轨道用20号钢丝。轨道支撑杆由钢丝和窄钢板组成,钢丝型号为20号,窄钢板厚度为0.5厘米,宽3～4厘米,长40厘米左右,加工成

"乚"形状。

3. 轨道安装　轨道需要吊在温室内后部人行道处的空中,与温室后墙的水平距离为 35 厘米,与地面的距离为 200 厘米。钢丝穿过温室两山墙,两端固定在附石(地锚)铁丝上,然后用紧线机紧好并固定牢靠。每间温室设置一轨道支撑杆,支撑杆由钢丝和"乚"钢板两部分组成,"乚"钢板较长端固定在钢丝上,另一端焊接在轨道下端,且"乚"钢板两边要与轨道垂直,使滑轮正好从"乚"中间通过。钢丝的另一端固定在温室后坡支架上。将滑轮和框架安装在轨道上即可使用。

4. 使用年限　在正常情况下,日光温室轨道运输车可使用 10~20 年。

(六)阳 光 灯

因冬季光照弱、时间短,9 000~20 000 勒克斯光照时数每天仅有 6~7 小时,而西葫芦要求 10 小时以上,才能达到最佳产量状态,所以,光照不平衡已成为当今制约日光温室冬春茬西葫芦高产优质的主要因素。为了解决日光温室增产问题,寿光市引进了阳光灯技术,解决了冬季日光温室因光照带来的弱秧低产问题。

1. 阳光灯增产的原理　①促使西葫芦长根和花芽分化。冬季西葫芦常见的不良症状是龟缩头秧、徒长、茎细节长花弱、落花落果、畸形僵果、小叶、叶凋等,均系温度低和光照弱引起的病症。靠太阳光自然调节,少则十天半个月,多则 1~2 个月,才能缓解温度低带来的问题,严重影响产量和效益。在日光温室内安装阳光灯,其中的红、橙光促使西葫芦扎深根,蓝、紫光促进花芽分化和生长,作物无障害生育,增产幅度可达 1~3 倍。西葫芦有深根长果实、浅根长叶蔓的习性,补光长深根还可达到控秧促根、控蔓促果的效果。②提高西葫芦秧的抗病、增产和优质作用。高产栽培十要素的核心是防病。种、气、土是病菌的载体;水、肥是病菌的养料;温度、密植是环境,惟有光是抑菌灭菌,增强植物抗逆性的生态因素。如果日光温室内温度提高 2℃,湿度下降 5%左右,光照强度增加 10%,病菌特别是真菌可减少 87%,因此冬季温室内消除病害,升温降湿,补光提高植物体含糖度,增强耐寒、耐旱及免疫力,是抑菌防病最经济实惠的办法;还能减少用药、用工等开支和产品污染程度,有利于生产无公害绿色食品。③延长日光温室作物光合作用效应。日光温室多在冬季应用,早上光适温低,下午温室西墙挡光,每天浪费掉 30～60 分钟的自然适光,日光温室建筑方位只能坐北向南,偏西 5°～9°。补光生产西葫芦,日光温室可建成坐北向南偏东,太阳一出来,作物可很快进入光合作用适温和适光环境。下午气温在 15℃～20℃时,打开阳光灯补光 1～3 个小时,每天能将 5～7 个小时的适宜光合作用条件延长 1～3 个小时,增产幅度可提高 20%以上。

2. 阳光灯的安装 ①阳光灯配套件为 220V/36W 灯管,配相应倍率的镇流器灯架,每天在无光时可照射 17 平方米面积,弱光时可照射 30～60 平方米。灯管布局以温室内光的照度均匀为准,灯距被照射植株的高度以 1.5～2 米为宜。因太阳光受云层影响,时弱时强,西葫芦需光强度为 1 万～7 万勒克斯,苗期和生育期有别。安装时,每个阳光灯都设开关,以便根据生物生长需求和当时光强度进行调节。②用 220V、50Hz 电源供电,电源线与灯总功率匹配。电源线用铜线,直径不小于 1.5 毫米,接头用防水胶布封严。

3. 应用方法 ①育苗期,早上 7～9 时和下午 4～6 时开灯,与太阳光一并形成 9～11 小时的光照,培育壮苗。②在连阴雨天全天照射,可避免根萎秧衰。③结果期早上或下午室温在 15℃以上,但光照强度在 9 000～20 000 勒克斯以下时,便可开灯补光。

(七)反 光 幕

在日光温室栽培畦北侧或靠后墙部位张挂反光幕,有较好的增温补光作用,是日光温室冬季生产或育苗所必需的辅助设施。

1. 反光幕应用效果　①可明显增加温室内的光照强度,可增加光照 5 000 勒克斯,尤以冬季增光率更高。张挂反光幕的实践表明,反光幕前 0～3 米,地表增光率由近及远为 44.5%～9.1%,60 厘米空中增光率由高至低为 40.0%～9.2%。反光幕的增光率随着季节的不同而有差异,在冬季光照不足时增光率大,春季增光率较小;晴天的增光率大,阴天的增光率小,但也有效果。②可提高气温和地温。反光幕增加光照强度,明显的影响着气温和地温,反光幕 2 米内气温提高 3.5℃,地温提高 1.9℃～2.9℃。③育苗时间缩短,秧苗素质提高,同品种、同苗龄的幼苗株高、茎粗、叶片数均有增加。④改善了温室内小气候,增强了植株的抗病能力,减少农药使用及污染。⑤张挂反光幕日光温室的西葫芦产量、产值明显增加,尤其是冬季和早春增效更明显。

2. 反光幕的应用方法　每 667 平方米温室用量为 200 平方米。张挂镀铝聚酯膜反光幕的方法有单幅垂直悬挂法、单幅纵向粘接垂直悬挂法、横幅粘接垂直悬挂法和后墙板条固定法 4 种。生产上多随日光温室走向,面朝南,东西延长,垂直悬挂。张挂时间一般在 11 月末至翌年 3 月。最多延至 4 月中旬。张挂步骤如下(以横幅粘接垂直悬挂法为例):使用反光幕应按日光温室内的长度,用透明胶带将 50 厘米幅宽的 3 幅聚酯镀铝膜粘接为一体。在日光温室中柱上由东向西拉铁丝固定,将幕布上方折回,包住铁丝,然后用大头针或透明胶布固定,将幕布挂在铁丝横线上,使幕布自然下垂,再将幕布下方折回 3～9 厘米,固定在衬绳上,将绳的东西两端各绑竹棍一根固定在地表,可随太阳照射角度水平北移,使其幕布前倾 75°～85°。也可把 50 厘米幅宽的聚酯镀铝膜按中柱高度剪裁,一幅幅紧密排列并固定在铁丝横线上。150厘米幅宽的聚酯镀铝膜可直接张挂。

3. 注意事项

第一,定植初期,靠近反光幕处要注意浇水,水分要充足,以免光强温高造成灼苗。使用的有效时间为11月至翌年4月。对无后坡日光温室,需要将反光幕挂在北墙上,要把镀铝膜的正面朝阳,否则膜面离墙太近,易因潮湿造成铝膜脱落。每年用后,最好经过晾晒再放于通风干燥处保管,以备再用。

第二,反光幕必须在保温达到要求的日光温室才能应用。如果温室保温不好,白天只靠反光幕来提高温室内的气温和地温虽然有效,但夜间难免受到低温的损害。因为反光幕的作用主要是提高温室后部的光照强度和昼温,扩大后部昼夜温差,从而把后部的西葫芦增产潜力挖掘出来。

第三,反光幕的角度、高度需要随季节、西葫芦生长情况等进行适当的调整。日光温室早春茬西葫芦定植多在12月至翌年1月份,此时植株矮小、地温低,影响缓苗,使用反光幕主要起到提高地温、促进缓苗的作用。冬季太阳高度角小,悬挂的反光幕一般较矮,贴近地面,以垂直悬挂或略倾斜为主。在西葫芦植株长高后,植株叶片对光照的要求增加,尤其是早、晚光照较弱时,反光幕主要起到提高光合作用的目的。此时植株高、太阳高度角变大,悬挂反光幕也需要适当调整,反光幕底部位置提高到植株顶点附近,角度以底部略向南倾斜为宜,以保证上午8:30~9:00反射光线基本与地面水平为好。一般情况下,反光幕与地面应保持在75°~85°角。进入4月份以后,随着气温逐步回升,光照充足,制约深冬西葫芦生长的光照不足、气温偏低的问题已不存在,晴天时甚至会出现光照过强、温度过高的问题,此时反光幕也已完成了其作用,应及时撤掉。

(八)防虫网

防虫网覆盖栽培是一项能提高产量的实用环保型农业新技术。通过覆盖在温室棚架上构建人工隔离屏障,将害虫拒之网外,切断害虫(成虫)繁殖途径,有效控制各类害虫,如菜青虫、菜螟、小菜蛾、蚜虫、跳甲、甜菜夜蛾、美洲斑潜蝇、斜纹夜蛾等的传播以及预防病毒病传播的危害,确保大幅度减少菜田化学农药的施用,使产出的西葫芦优质、卫生,为发展生产无污染的绿色农产品提供了强有力的技术保证。

1. 防虫网种类　防虫网是一种采用添加防老化、抗紫外线等化学助剂的聚乙烯为主要原料,经拉丝制造而成的网状织物。它与塑料布等覆盖物的不同之处在于网目之间允许空气通过,但能将昆虫阻隔于外界。防虫网的规格主要包括幅宽、丝径、颜色、网孔密度等内容。幅宽通常为 1～1.8 米,最大幅宽为 3.6 米;丝径范围是 0.14～0.18 毫米;颜色有白色、银灰色、黑色等,但以白色为多。如果为了加强遮光效果,可选用黑色或银灰色的防虫网避蚜虫效果更好。目前,生产上推荐适宜使用的目数是 20～40 目,以 20 目、25 目、32 目最为常用。

2. 防虫网的作用

(1)**防虫**　西葫芦覆盖防虫网后,基本上可免除菜青虫、小菜蛾、甘蓝夜蛾、斜纹夜蛾、黄曲跳甲、猿叶虫、蚜虫等多种害虫的为害。据试验,防虫网对菜青虫、小菜蛾、美洲斑潜蝇防效为94%～97%,对蚜虫防效为 90%。

(2)**防病**　病毒病是西葫芦的灾难性病害,主要是由昆虫特别是白粉虱传病。由于防虫网切断了害虫这一主要传毒途径,因此可大大减轻西葫芦病毒的侵染,防效为 80%左右。

3. 网目选择　购买防虫网时应注意孔径。在西葫芦生产上使用的防虫网以 25～40 目为宜,幅宽 1～1.8 米。白色或银灰色的防虫网效果较好。防虫网的主要作用是防虫,其效果与防虫网的目数有关,目数即在25.4毫米见方的范围内有经纱和纬纱的根数,目数越多,防虫的效果越好,但目数过多会影响通风效果。防虫网的目数是关系到防虫性能的重要指标,栽培时应根据防止害虫的种类进行选取,一般在西葫芦生产中多采用25～40目的防虫网。使用防虫网一定要注意密封,否则难以起到防虫的效果。

4. 覆盖形式 因夏季害虫多,日光温室前部和通风天窗最好安装25～40目的防虫网(图1-10),这样,既有利于通风,又可以防虫。为提高防虫效果,必须注意以下两点:一是全生长期覆盖。防虫网遮光较少,无须日盖夜揭或前盖后揭,应全程覆盖,不给害虫有人侵的机会,才能收到满意的防虫效果。二是土壤消毒。在前作收获后,要及时将前茬残留物和杂草清出温室集中烧毁。全温室喷洒农药灭菌杀虫。

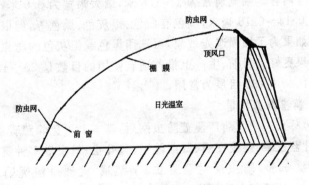

图1-10 日光温室防虫网覆盖方式

(九)遮 阳 网

遮阳网又称遮荫网、遮光网、寒冷纱或凉爽纱,是以聚烯烃树脂作基础原料,并加入防老化剂和其他助剂,熔化后经拉丝编织成的一种轻型、高强度、耐老化的新型网状农用塑料覆盖材料。

1. 遮阳网种类 常用的遮阳网有黑色、银灰色、黄色、蓝色、绿色等多种,以黑色、银灰色最普遍。黑色遮阳网的遮光度较强,适宜酷暑季节覆盖。银灰色的透光性较好,有避蚜和预防病毒的作用,适用于初夏、早秋季节覆盖。

遮阳网一般的产品幅宽为 0.9～2.5 米,最宽的达 4.3 米,目前以 1.6 米和 2.2 米幅宽的使用较为普遍。

2. 主要功用

(1)降低温室内气温及土温,改善田间小气候 使用遮阳网可显著降低进入日光温室内的光照强度,有效地降低热辐射,从而降低气温和地温,改善西葫芦生长的小气候环境。一般使用遮阳网可使日光温室内的气温较外界降低 2℃～3℃,同时可有效地避免强光照对西葫芦生产的危害。据测定,高温季节可降低畦面温度 4.59℃～5℃,在炎热夏天最大降温幅度为 9℃～12℃。

(2)改善土壤理化性 雨季菜地经常变板结,但用遮阳网能保持土壤良好的团粒结构和通透性,增加土壤氧气含量,有利于根系的深扎和生长,促进地上部植株生产,达到增产的目的,还能使雨天直播或育苗的种子出土良好。

(3)遮挡雨水 能防止大暴雨直接冲刷畦面,减少水土流失,保护植株和幼苗叶片完整,提高商品率和商品性状。据测试,采用遮阳网覆盖后,暴雨冲击力比露地栽培减弱 98%,降水量减少 13.29%～22.83%。

(4)减少土壤水分蒸发 保持土壤湿润,防止畦面板结。据调查,覆盖遮阳网后,土壤水分蒸发量比露天栽培减少 60% 以上。

(5)避害虫、防病害 据调查,遮阳网避蚜效果达 88.8%～100%,对西葫芦病毒病防效为 89.8%～95.5%,并能抑制西葫芦多种病害的发生和蔓延。

3. 选用遮阳网的原则 ①西葫芦为喜温中、强光性蔬菜,夏秋季生产,根据光照强度选用银灰网或选用黑色 SZW-10 等遮光率较低的黑色遮阳网;避蚜、防病毒病,最好选用 SZW-12、SZW-14 等银灰网或黑灰配色遮阳网覆盖。②夏秋季育苗或缓苗短期覆盖,多选用黑色遮阳网覆盖。为防病毒病,亦可选用银灰网或黑灰配色遮阳网覆盖。③全天候覆盖的,宜选用遮光率低于 40% 的网,或黑灰配色网覆盖。

4. 日光温室覆盖方式　日光温室覆盖是指在温室棚体上覆盖遮阳网的覆盖方式。覆盖方式主要以顶盖法和一网一膜两种方式为主。顶盖法是指在日光温室的二重幕支架上覆盖遮阳网;一网一膜覆盖方式是指覆盖在日光温室上的薄膜,仅揭除围裙膜,顶膜不揭,而是在顶膜外面再覆盖遮阳网。在寿光地区大多采用一网一膜覆盖方式。

遮阳网覆盖栽培的技术原则是:看天、看作物灵活揭盖;晴天时白天盖,夜间揭;阴天时全天不盖。30℃以上温度,一般从上午 8 时至下午 4 时覆盖。

(十)温度表

温度表是日光温室西葫芦生产中必不可少的重要工具,菜农须通过它上面显示的温度来确定关闭通风口、放草苫的时间。一旦上面显示的有误差,对西葫芦管理会造成很大影响。只有正确悬挂才能准确测定温室内温度。

1. 确定悬挂的位置　很多日光温室里温度表悬挂的位置很乱,大部分悬挂在温室后通风口下面,还有悬挂在温室前脸处的,这两种做法都是不正确的。悬挂在通风口下面,此处通风时,外界的冷空气进入温室内,直接造成后部温度快速降低,温度变化频繁,极不稳定;还有温室后墙上温度变化快,根本不能准确反映生长空间的温度;而悬挂在温室前脸处,此处地温较低,与外界接触面大,散热较快,气温比较低,若温度表悬挂在此,数据也不准确。

正确的悬挂位置是在温室中部,此处距离墙体、通风口等容易进风的地方都较远,能显示出准确的温度。

2. 温度表悬挂高度要随着西葫芦高度变化　大多数菜农在悬挂上温度表后,一般都不再挪动它,这也是不正确的。温度表的悬挂高度需要随植株高度不断调整,以准确反映植株生长点附近的温度。如果植株高度已超过挂温度表的高度,还不调整温度表的高度,这样温度表就藏在植株顶部之下,测出来的温度就会偏低。若根据温度表上显示的温度来管理西葫芦的话,西葫芦生长很难正常。因此,温度表应悬挂在植株生长点下 10 厘米处,并要随着西葫芦的生长随时调节温度表悬挂的高度,这样才能测出准确的温度,菜农朋友可据此在生产管理中采取相应的措施。

第二章　西葫芦新优品种选择

一、寒秀

【品种来源】 北京绿亨公司。

【品种特性】 中早熟,长势旺盛,耐寒。瓜码密,瓜色翠绿,有光泽,圆柱形,长25厘米左右,粗5～7厘米,质优,形美,耐贮存。茎秆粗壮,根系发达,抗逆性强,抗病性好。采收期可达200天,单株采瓜35个以上。

【适作茬口】 日光温室越冬茬栽培。

二、潍早1号

【品种来源】 山东省潍坊市农业科学院利用昌白93-A-1作母本,用法茭92-1自交系作父本育成的一代杂种。

【品种特性】 株型直立紧凑,矮生,生长势强,叶色淡绿,呈五角掌状。连续坐瓜性能强,瓜长圆柱形,横径6～8厘米,长30～35厘米,瓜皮白色,有光泽。定植后20～25天就可收到600～800克大小的嫩瓜,嫩瓜肉质细腻,商品性好。高抗病毒病、白粉病,较抗霜霉病。

【适作茬口】 适宜于温室保护地秋冬茬、越冬茬、冬春茬栽培,也适于露地早春栽培。

三、中葫1号

【品种来源】　中国农业科学院蔬菜花卉研究所选育。

【品种特性】　主蔓结瓜为主,生长势较强,抗逆性较好。早熟性好,坐瓜多,节成性强,前期产量高。瓜形棒状,瓜皮浅绿色。以嫩瓜食用为主,一般采收标准在 150～200 克。品质优良,营养丰富,特别是胡萝卜素及铁的含量高于一般西葫芦品种。

【适作茬口】　保护地早春及露地早熟栽培。

四、盛 玉

【品种来源】　从法国太子种子公司引进。

【品种特性】　植株生长旺盛,强健,不歇秧,耐寒性好。根系发达,抗病,抗逆性强,高抗银叶病。叶片中等大小,中翠绿,节间短,茎秆粗壮,长蔓和膨瓜协调,易管理。果实长圆柱形,长 24～28 厘米,横径 6～8 厘米,瓜条顺直,整齐度好,颜色翠绿亮丽,商品性好,易贮运。早熟,连续坐瓜性强,节节有瓜,单株可采瓜 35 个以上,采收期长达 250 天。

【适作茬口】　适宜保护地冬春季、早春及春露地栽培。

五、冷 玉

【品种来源】　从法国威迈种子公司引进。

【品种特性】　植株长势强健,根系发达,抗逆性强,高抗银叶病、病毒病。瓜长 25 厘米左右,横径 6 厘米,瓜皮淡绿色,光滑圆整,商品性好。采收期长,不早衰。

【适作茬口】　适合日光温室越冬栽培。

六、早青一代

【品种来源】 由山西省农业科学院蔬菜研究所育成的西葫芦杂交一代种。

【品种特性】 植株半蔓性,叶小,主蔓长 80～100 厘米。结瓜性好,可同时结 2～3 个瓜。瓜长筒形,嫩瓜皮色浅绿,有少量白色斑点。有棱,肉厚细致,品质佳,早熟,播种后 45 天采收的嫩瓜重达 250 克以上。若以黑籽南瓜为砧木嫁接于日光温室保护地栽培,主蔓长可达 200 厘米以上,单株结瓜 13 个以上,持续结瓜期达 5～6 个月。

【适作茬口】 适合日光温室保护地栽培。

七、如 意

【品种来源】 由台湾农友种苗公司育成西葫芦杂交一代品种。

【品种特性】 特早熟,播种后一个多月即开始开花、结瓜,几乎每一节都发生雌花,并能坐住瓜。开花后 5～7 天采收嫩瓜,瓜长 20 厘米,单瓜重 200 克左右,短棍状,果皮青绿色,肉白色,肉质脆嫩,细致。主蔓长仅 100 厘米左右,茎粗节短。该品种不耐高温,在高温条件下生长衰弱,易发生病毒病。

【适作茬口】 适合日光温室栽培。

八、黑美丽

【品种来源】 中国农业科学院蔬菜花卉研究所从美国引进的早熟品种。

【品种特性】　株型直立,主蔓长 60～80 厘米,开展度 70～80 厘米,生长势旺盛,主蔓第五至第七节开始结瓜,以后基本每节有瓜。坐瓜后生长迅速,宜采收嫩瓜。瓜皮墨绿色,瓜长棒状,品质好,丰产性强。在保护地种植,每株可结 200 克左右的嫩瓜 10 余个。

【适作茬口】　适合冬春保护地栽培或春季露地栽培。

九、绿　宝　石

【品种来源】　由中国农业科学院蔬菜花卉研究所最新选育的优良杂交一代品种。

【品种特性】　极早熟,播种后 40 余天可采收嫩瓜。瓜长柱形,瓜皮颜色深绿,品质脆嫩,营养丰富,尤其是胡萝卜素及铁的含量明显高于现行推广品种,可作为特菜供应市场。植株长势较旺,抗逆性强,属矮秧类型,主蔓结瓜,侧枝稀少,可采收嫩瓜食用。单瓜重 200～500 克。

【适作茬口】　适合日光温室和大、中、小塑料拱棚保护地种植。实行越冬茬、冬春茬栽培。

十、长青王 3 号

【品种来源】　山西省农业科学院棉花所西葫芦育种组最新培育的西葫芦新品种。

【品种特性】　长势强壮,植株矮生,节间极短,叶片缺裂深、上覆白色斑点,是春提早上市的最佳品种。一般第六至第七节开始着生第一雌花,属于早熟品种,播后 42 天即可收获 250 克的嫩瓜。嫩瓜为长棒形,浅花皮上有细密白色斑点,光泽度极佳,耐老性很好,粗细均匀,商品率高。适宜采收长度 22～24 厘米,横径 5.5～

6.5 厘米。雌花多,结瓜性能好,膨瓜速度快,几乎每个瓜胎都可以长成瓜。抗病抗逆性强,高抗病毒病。耐低温能力强。

【适作茬口】 适合越冬茬和冬春茬栽培。

十一、阿米拉

【品种来源】 从法国威迈种子公司引进。

【品种特性】 杂交一代品种,早熟,植株长势强。株型开放,有利于采收。果实浅绿色,圆柱形,长 20 厘米左右,直径 5～6 厘米。产量高。

【适作茬口】 保护地越冬、早春栽培。

十二、冬　玉

【品种来源】 从法国太子种子公司引进。

【品种特性】 长势旺盛,雌花多,每叶腋都发生雌花,每叶结 1 个瓜。瓜长 22 厘米、横径 5～6 厘米,长筒状,嫩绿色,光泽度好,品质佳。瓜条粗细均匀,商品性好。中偏早熟,抗病性较强,可于温室保护地周年生产。前期耐热,抗病毒病;深冬耐低温弱光,长势强劲;后期不早衰,入夏后可正常生长。植株不分支,平均单株叶片数可达 80 片,蔓长 3 米以上,可连续坐瓜达 30 个以上。每 667 平方米产量高达 1.5 万千克以上。

【适作茬口】 适合日光温室越冬栽培的西葫芦专用品种。

十三、金　珊　瑚

【品种来源】 从韩国引进的西葫芦杂交一代种。

【品种特性】 早熟,高产,品质优,外观美。瓜条直,圆柱形,果柄绿色,果皮金黄色,外观极富吸引力。果实长 22～25 厘米,横径 5 厘米,单瓜重 300～400 克。株型直立,节间短。

【适作茬口】 适合保护地及露地栽培。

十四、金满地

【品种来源】 安徽省合肥丰乐蔬菜种业有限公司推出的西葫芦杂交一代种。

【品种特性】 极早熟,矮生,直立型生长。果实呈棒状,长 20 厘米左右,果横径 5～5.5 厘米,单果重 300～350 克,大小均匀一致,果色浅黄,表皮光滑,色泽亮丽。雌花多,膨果快,连续坐果能力强。早期产量高。果实肉质鲜脆,风味佳,商品性好,商品率高。抗逆性强,生育进程快,播种后 40～45 天即可采收嫩果。

【适作茬口】 适合保护地秋冬、冬季、早春茬栽培,也适合地膜覆盖露天气候条件下春、秋季栽培。

十五、以色列金瓜

【品种来源】 从以色列引进的早熟黄色西葫芦。

【品种特性】 植株直立型生长。果皮金黄色,表皮光滑,色泽艳丽,果长 25 厘米,果径 4～4.5 厘米,单果重 250～300 克。果形均匀一致,呈棒状。雌花多,连续坐果。果肉鲜脆,商品性好。抗病性强,产量高。播种后 50～55 天可采收商品嫩瓜。

【适作茬口】 适合日光温室越冬茬、冬春茬栽培。亦适宜大、中、小拱棚保护地早春茬栽培。

十六、吉 美

【品种来源】 引自我国台湾省农友公司。

【品种特性】 属矮生品种类型。茎蔓粗壮,节间短,蔓长1米左右,一般在播种后1个月左右即开始结果,属于特早熟类型。结果多,嫩果果皮金黄色,艳丽醒目,果形为短棍棒状,单果重200克左右。果肉白色,脆嫩细腻。属于外形美、品质好的优质西葫芦品种。

【适作茬口】 适合秋延迟、越冬和早春保护地栽培。

十七、金 元 帅

【品种来源】 从美国思地沃集团引进。

【品种特性】 属杂交一代西葫芦种。早熟品种,成熟期为46～52天。植株长势旺,坐瓜能力强。瓜圆柱形,长18～22厘米,瓜皮金黄色,有蜡质光泽及微棱,瓜肉白嫩,品质佳。

【适作茬口】 适合秋延迟、越冬和早春保护地栽培。

十八、金 蜡 烛

【品种来源】 美国加利福尼亚皮托种子有限公司培育的金黄色果皮西葫芦,为杂种一代。

【品种特性】 早熟,从种植至初收53天。果实直而整齐,长圆筒形,上有微突起的浅棱,果皮光滑如蜡,金黄色;果柄五棱形,浓绿色;果肉柔嫩,奶白色。商品果长18～20厘米。植株直立、矮生,主蔓生长粗壮,叶开张,容易采收,品质、风味均好。

【适作茬口】 适合秋延迟、越冬和早春保护地栽培。

十九、金手指

【**品种来源**】　从韩国引进的西葫芦良种。

【**品种特性**】　果皮金黄色,鲜艳,果筒形,表面光滑,果长19厘米左右。果实膨大快,中早熟,植株高大,开展型。连续坐果期长,采收期长,产量高。宜适当稀植。果实品质佳,口感出众,风味独特,可直接供应超市。

【**适作茬口**】　适合秋延迟和早春保护地栽培。

二十、金珠西葫芦

【**品种来源**】　从美国引进的品种。

【**品种特性**】　极早熟,播种后36天就可采收。无蔓,栽培不用吊架,适应性强。金珠西葫芦果实圆球形,果皮金黄闪亮,是难得一见的珍贵礼品西葫芦。单瓜重达300~400克时采收上市,适于供应宾馆、酒楼和超市的高档品种,效益非常可观。

【**适作茬口**】　日光温室一年四季均可种植。

第三章 日光温室西葫芦育苗技术

一、西葫芦穴盘育苗技术

(一)穴盘选择

穴盘是按照一定的规格制成的带有许多小圆形或方形孔穴的塑料盘,大小多为 52 厘米×28 厘米,盘上有 32、40、50、72、105、128、162、200、288 穴,小穴深度 3～10 厘米,塑料壁厚度为 0.85～1.05 毫米。西葫芦穴盘育苗宜选用具有 50、72、105 穴的穴盘。

(二)基　质

穴盘育种时常采用轻型基质。可作为西葫芦育苗基质的材料有珍珠岩、蛭石、草炭土、炉灰渣、沙子、炭化稻壳、炭化玉米芯、发酵好的锯末、甘蔗渣、栽培食用菌废料等,这些基质可单独使用,也可以几种混合使用。草炭系复合基质的比例是草炭 30%～50%、蛭石 20%～30%、炉灰渣 20%～50%、珍珠岩 20%左右;非草炭系复合基质的比例是棉籽壳 40%～80%、蛭石 20%～30%、糠醛渣 10%～20%、炉灰渣 20%、猪粪 10%。为了充分满足幼苗生长发育的营养需要,可以在每立方米基质中适当地加入复合肥 1～1.5 千克。

(三)消毒灭菌

基质、穴盘、播种用具和设施、场地等要消毒灭菌。

1. 保护设施消毒灭菌　整个保护设施使用前要用高锰酸钾

＋甲醛消毒,按 2 000 立方米温室标准用 1.65 千克甲醛加入 8.4 升开水中,再加入 1.65 千克高锰酸钾,产生烟雾封闭 48 小时后打开,散尽气味。

2. 拌料场地消毒灭菌 拌料场地使用前宜使用高锰酸钾 2 000 倍液或 70%甲基托布津可湿性粉剂 1 000 倍液喷洒灭菌。

3. 穴盘和用具消毒灭菌 穴盘和其他用具使用前用高锰酸钾 2 000 倍液浸泡 10 分钟后用清水冲洗干净,晾干。

4. 基质消毒灭菌 如果是首次使用的干净基质一般可不进行消毒,如果是重复使用的基质则应进行消毒处理。一种方法是用 0.1%～0.5%高锰酸钾溶液浸泡 30 分钟后,用清水洗净;另一种方法是用 100 克福尔马林对水 300 毫升后均匀喷洒在基质上,将基质堆起密封 2 天后摊开晾晒 15 天左右,待药味挥发后再使用。

(四)播 种

1. 选种 健康、饱满的种子能促进植株生长发育,是实现高产的一个重要因素。要选择饱满、色泽好的去年收获的种子作为生产用种。播种前应进行选种,最好是按该品种的种子特征进行粒选,剔除秕籽和破损不完整的种子,同时拣去种子形态、色泽等性状混杂的种子,选留的种子要达到饱满、无虫蛀、无霉变、无机械损伤的要求。

2. 种子消毒

(1)晒种 将精选过的种子摊在纸板、木板上,种子厚度不要超过 1 厘米,置于阳光下暴晒。每隔 2 小时左右翻动 1 次,使种子受光均匀,在阳光下连续晒 2～3 天。晒种可增强种子活力,提高种子的发芽势和发芽率,使出苗快而整齐。还可利用阳光杀死种子表面部分病菌或虫卵。

(2)干热处理 对西葫芦种子进行干热空气处理,有促进后熟、增加种皮透性、促进萌发和消毒等作用。西葫芦种子经 4 小时（间隔 1 小时）50℃～60℃干热处理,有明显的增产作用;经 70℃处理 2 天,有防治绿斑花叶病毒病的良好效果;经 70℃干热处理 3天,对黑星病及角斑病有良好的消毒效果。需要注意的是:进行干热处理的种子必须是干燥的种子;湿种子干热处理容易受到伤害。

(3)热水烫种　先用 70℃～75℃的热水浇烫种子,并用两个容器反复倾倒使水温快速降至 55℃,然后改为用温汤浸种,先温烫 7～8 分钟,再改为一般浸种。

(4)温汤烫种　用 50℃～55℃的温水烫种,保持恒温 10～15分钟,在烫种期间不断搅拌。待水温降至室温(20℃～25℃)时继续进行一般浸种。温汤烫种有消毒、增加种皮透性和加速种子吸胀的作用。

(5)药剂处理　种子药剂处理常在浸种后、催芽前进行,用农药拌种或浸种消毒。药剂拌种常用的杀菌剂有 50％福美双、多菌灵等,常用的杀虫剂有 90％敌百虫粉等,用药量为种子重量的0.2％～0.3％,使药物与浸种后的种子拌匀即可。农药拌种后即可直接播种,无须催芽以免发生药害。

药液消毒应严格掌握药液浓度和消毒时间,常见的消毒药物有 50％代森铵水剂、50％多菌灵可湿性粉剂 500 倍液,将种子浸泡 0.5 小时可防治炭疽病和枯萎病。用 2％～4％漂白粉溶液浸泡 0.5 小时,可杀死种子表面的细菌。用福尔马林 100 倍液浸泡10 分钟,对防治枯萎病、炭疽病有一定的效果。用福尔马林 100倍液浸种 15～20 分钟后捞出种子密闭熏蒸 2～3 小时,或用 10％磷酸三钠或 2％氢氧化钠水溶液浸种 15 分钟,可使种子表面附着的病毒失去活性,可减轻病毒病的发生。实行药剂消毒后,用清水冲净种子表面的药液和胶状物质,而后进行催芽,以免发生药害而影响发芽。

3. 浸种　在适宜温度和水量充足的条件下,使种子在短时间内吸足水分。浸种用水量一般为种子量的 4～5 倍,浸种 4 小时;浸种完毕反复揉搓,用清水洗去种子表面的胶状物质,以利于种子发芽。如浸种时间超过 8 小时,应每隔 5～8 小时换水 1 次。

4. 催芽　浸种 6～8 小时后,将西葫芦种子捞出后晾干,用湿纱布包好(布包要小,要薄)在 25℃～30℃ 的条件下催芽,每 6～8 小时翻动 1 次,使之透气。催芽期间要保持包布湿润,经 2～3 天开始出芽,当芽长达 0.5 厘米时即可播种。催芽时切记必须经常检查温度,既要防止温度过高烫伤种子,又要防止温度过低停止发芽。浸种时须经常翻动种子,使所有的种子都能得到相同的温度、湿度和空气,以保证发芽齐全。在种子催芽过程中,如发现种子发黏,应立即用水把种子和布包洗净,然后继续催芽。当 70% 左右的种子露白时播种。西葫芦常用的催芽方法有瓦盆催芽法、掺沙催芽法和电热催芽室(箱)催芽法等。

(1)**瓦盆催芽法**　在种子充分吸水后晾干或擦干种子表面的浮水,用清洁的湿布包好。在盆底部垫上麦秸等,把湿布包放在盆里,盖上棉垫等保温材料,把盆放在温暖地方催芽。如果没有瓦盆,可以用大碗、瓷盆代替。当 70% 种子胚根长为 0.3～0.7 厘米时停止催芽。为避免胚根过长,可分次把符合标准的种子拣出,混入适量的河沙,放置于室温条件下,以控制胚根的伸长。对尚未发芽的种子继续催芽,等多数种子发芽后一起播种。

(2)**掺沙催芽法**　把已浸种的种子与洗净的河沙混合,河沙与种子的比例为 1～2∶1,混合均匀后装入瓦盆等容器中,上面覆盖一层湿沙或湿布,放在适温下催芽。

(3)**电热催芽室(箱)催芽法**　把装有催芽种子的瓦盆或裹有棉垫的湿布包放在电热控温的催芽室或催芽箱里进行催芽。由于催芽室温度能自控,管理方便,出芽日期准确,出芽较快且苗壮。不论哪种催芽方法,所用的容器和包布都应当清洁,不能有油污和积水,种子不能铺得过厚,防止引起烂种和出芽不整齐;温度开始稍低,逐渐升高到适宜的温度并保持恒温不变;湿度管理以种皮不发滑又不发白为宜。在催芽期间,每天用清水淘洗种子1～2次,并将种子上下翻倒,使其发芽整齐一致。

5. 基质装盘 将备好的基质装入穴盘中,用刮平板从穴盘的一端向另一端刮平,使每个穴孔基质平满。

6. 播种 使用压穴器,对准每个穴孔的中心位置均匀用力压下,使每个穴孔中央形成深0.5厘米的播种穴。逐盘压穴,逐穴播种,每穴播种一粒种子,使种子位于播种穴中央。播种后覆盖,低温季节宜用蛭石覆盖,高温季节宜用珍珠岩覆盖。覆盖后再用刮平板刮平。将覆盖好的穴盘置于苗床上,浇透水。

(五)苗床管理

1. 温度管理 西葫芦种子发芽和苗期生长的最适温度和高产栽培要求的温度不完全相同,以下从西葫芦高产栽培的角度说明西葫芦育苗阶段所需的适宜温度,供菜农朋友在生产中参考应用。

(1)第一阶段 从播种到开始出苗,应控制较高的床温,促进快出苗。一般床温为25℃～30℃,约2天即开始出苗。此期间苗床温度最低为12.7℃,最高为40℃。

(2)第二阶段 从出苗到第一片真叶显露称为"破心"。此期要及时降温,控制较低的温度,一般白天为20℃～22℃,夜间为12℃～15℃。避免温度过高,尤其是夜间温度偏高会使胚轴徒长,成为"长脖苗"。

(3)第三阶段 从"破心"到定植前7～10天。此期温度要适宜,白天可保持在20℃～25℃,夜间在13℃～15℃,有利于雌花分化且降低雌花节位。

(4)第四阶段 即定植前7～10天。此期要进行低温锻炼,以提高西葫芦秧苗的适应能力和成活率。一般白天在15℃～20℃,

夜间 10℃～12℃。

由于不同季节外界环境条件的限制,西葫芦育苗不可能都达到最适温度,但应当采取各种有效措施,使苗床温度不要超出西葫芦所能承受的极限温度。冬季育苗可以通过铺地热线、日光温室内加盖小拱棚等措施使苗床的夜温不低于 10℃,短时间不低于 8℃;夏季通过盖遮阳网等方法,使苗床的最高气温控制在 35℃以下,短时间不超过 40℃。

2. 光照管理　早熟栽培在低温、短日照、弱光时期育苗,光照不足是培育壮苗的限制因素。生产上可明显地看到在光照充足的条件下,幼苗生长健壮,茎节粗短,叶片厚,叶色深,有光泽,雌花节位低且数目多;而在弱光下生长的幼苗,常常是瘦弱徒长的弱苗。

为增加光照,要经常保持覆盖物的清洁,草苫早揭晚盖,日照时数控制在 8 小时左右。在温度满足的条件下,最好在早晨 8 时左右揭开草苫,下午 5 时左右盖上草苫。阴天也要正常揭、盖草苫,尽量增加光照的时间。如果连续阴雨天不揭开草苫,幼苗体内的养分只是消耗而没有光合产物的积累,会使幼苗发生黄化、徒长,甚至死亡。

3. 水分管理　苗期要保持基质的湿度,以利于雌花的形成。要根据基质湿度、天气情况和秧苗大小来确定浇水量。穴孔内基质含水量一般在 60%～100%之间波动,不宜低于 60%,更不宜等到秧苗萎蔫再浇水。阴天和傍晚不宜浇水。

秧苗生长初期,基质不宜过湿,秧苗子叶展平前尽量少浇水;子叶展平后供水量宜少,晴天每天浇水,少量浇水和中量浇水交替进行,基质见干见湿;秧苗 2 叶 1 心后,中量浇水与大量浇水交替进行;需水量大时可以每天浇透。出圃前的 3 天,适当减少浇水。

在遵循以上浇水原则前提下,高温季节浇水量加大甚至每天浇 2 次水,低温季节浇水量减小。灌溉用水的温度宜在 20℃左右,低温季节水温低时应当先加温后浇施。每次浇水前应先将管道内温度过高或过低的水排放干净。

4. 施肥 如果配制基质时施入的肥料充足,整个苗期可不用施肥,如果发现幼苗叶片颜色变淡,出现缺肥症状时,可喷施少许质量有保证的磷酸二氢钾(如瑞士汽巴磷酸二氢钾),施用倍数为500倍液。在育苗过程中,切忌苗期过量追施氮肥,以免发生秧苗徒长影响花芽分化。

高温季节育苗时,肥料浓度宜低些。从子叶展平后开始施肥,以氮肥浓度为指标,其值为70毫克/千克。随着秧苗的生长逐渐增加浓度,至成苗时该浓度值为140毫克/千克。低温季节育苗时,肥料浓度宜提高1倍。

(六)西葫芦壮苗标准

西葫芦壮苗的指标:茎粗0.4~0.5厘米,株高10厘米,苗龄在30天左右,形态指标为3叶1心或4叶1心。从外观看,壮苗的形态特征应该是:茎粗短,节间不伸长,叶片大而厚,叶色浓绿,须根多,根白色粗壮,无病虫害,不伤主根。

和壮苗相对应的则称为弱苗。弱苗的特征是:茎秆细长,子叶早脱落,下部叶片枯黄早,须根少,主根断裂,苗龄在20天以下。弱苗容易生病和受冻,移栽后容易萎蔫,缓苗慢,而且容易发生落花乃至落果。

此外,还有一种苗,称为老化苗,也有人称为僵化苗或小老苗。它的特征是:茎细发硬,叶小发黄,根少色暗,老化苗生长很慢,结果期延长,衰老快。

从上述外观形态上来认识壮苗,是生产上通常采用的标准。应当指出,壮苗和劣苗是相对而言的。在生产上,壮苗和劣苗不是截然分开的,它们中间还存在着许多中间类型。这需要有一定的实践经验,才能正确地区分。

(七)病虫害防治

西葫芦的主要病害是猝倒病、立枯病、霜霉病和病毒病,虫害为蚜虫和白粉虱。

1. 猝倒病、立枯病的防治 播种前进行基质消毒,控制浇水,浇水后注意通风,以降低空气相对湿度;缓苗期夜温不得低于10℃,发病初期喷洒百菌清 800 倍液、多菌灵 1 000 倍液、代森锌800 倍液,每隔 5～7 天喷 1 次,连续喷 2～3 次。

2. 疫病防治 播种前用福尔马林 100 倍液进行种子处理 10分钟,发病初期喷施百菌清 800 倍液、代森锌 800 倍液、波尔多液1 000 倍液,每隔 7～8 天喷 1 次,连喷 2～3 次。

3. 病毒病 在夏季高温干旱的条件下,加上蚜虫的为害,易发生病毒病。防治病毒病的方法是播种前用 10％磷酸三钠溶液浸种 20 分钟,取出冲洗干净。苗期注意遮荫降温,保持土壤湿润。

4. 蚜虫 主要喷吡虫啉 2 000 倍液、啶虫脒 3 000 倍液,还可用灭蚜烟雾剂进行熏烟,效果比直接喷药好。

5. 白粉虱 可喷洒扑虱灵(异丙威噻嗪酮)3 000 倍液、烯定虫胺 4 000 倍液防治,还可进行黄板诱蚜。

(八)采取多项措施促进西葫芦多形成雌花

西葫芦雌花出现的早晚和多少,直接影响着产量的高低,尤其是西葫芦雌花节位愈低,雌花开花愈多,早期产量就愈高。西葫芦雌花的形成,除与品种自身特性和营养状况有关外,在很大程度上受苗期温度、光照、水分、营养和气体以及激素等条件的制约。因此,改善和调节好苗床小气候,是促进西葫芦多开雌花、多结瓜、早上市的重要措施。

1. 温度 西葫芦进行花芽分化时白天温度应保持 25℃左右,以利于光合作用的进行,夜间将温度降至 13℃～15℃,抑制呼吸消耗,以利于西葫芦体内营养物质的积累,能明显地增加雌花数量和降低节位;反之,夜间温度高,昼夜温差小,秧苗徒长,有利于雄花的形成。但夜间温度也不能降得太低,12℃以下的低温会使瓜苗生理失调,导致生长缓慢或停止生长。地温以 18℃～20℃ 为宜。所以苗期温度管理最好采用变温法。

2. 光照 西葫芦属短日照植物,缩短光照有利于早形成雌花,在降低夜间温度的同时缩短日照时数,可增加雌花数量和降低雌花节位。育苗期间给予 8 小时的光照,对雌花的形成最为有利。每天给予 5～6 小时的光照,虽有利于雌花的发育,但对西葫芦幼苗生长不利。12 小时以上的长日照有利于雄花的形成。日光温室冬春季育苗,每天光照只有 8 小时左右,同时夜间温度也较低,正符合雌花形成的条件。

3. 水分 西葫芦雌花分化要求较高的空气相对湿度和基质湿度,基质和空气湿润有利于形成雌花,而干旱则有利于雄花的形成。基质和空气相对湿度在 80% 时,有利于雌花的形成,过高或过低都会减少雌花的数量。

4. 营养 基质肥沃、氮磷钾配合适当和多施磷肥可降低雌花节位,多形成雌花;而钾肥能促进形成雄花,不能多施,要适量。

5. 气体 大气中氧的平均含量为 20.97%,基质内氧的含量因各种性状而不同。要求基质透气性良好,不耐基质 2% 以下的含氧量,以 10% 左右为宜。正因为如此,西葫芦需要多施有机肥料。在基质过湿或板结的情况下,基质呈还原状态,会形成有毒物质,影响根系的活动,也容易发生病害,所以要注意基质的排水和中耕。

基质中二氧化碳的含量和氧相反,浅层要比深层内含量少。空气中二氧化碳的含量为 300 毫升/米³,在苗期增加空气中二氧化碳的浓度,不仅可抑制瓜苗呼吸作用,还可提高光合效率,有利于雌花的形成。如果二氧化碳含量增至 1 500～2 000 毫升/米³ 以上时,西葫芦叶的同化量便会大大提高。由此可见,空气中二氧化碳的含量远远不能满足西葫芦光合作用的需要,应该设法加以补充,可增施充分腐熟的有机肥料,也可在有保护设施的条件下增施二氧化碳气肥以及加强通风等。

6. 激素　对西葫芦性状有影响的激素有乙烯利、萘乙酸、2,4-D、吲哚乙酸、矮壮素等,它们都有促进雌花分化的作用。乙烯利在生产上的使用较为普遍。育苗条件不利于雌花形成时,用乙烯利处理效果明显,但是乙烯利有抑制生长的作用,使用时应慎重。冬春茬育苗时,因昼夜温差大,日照较短,对雌花形成有利,一般无须用乙烯利处理。秋西葫芦育苗时,因温度高,日照长,昼夜温差小,可在第一片真叶展开后,喷施 150～200 毫克/千克乙烯利溶液,能增加雌花数量和降低雌花节位。

上述温、光、水、气等小气候的调节,应在子叶展开后的 40 天内进行,尤以幼苗子叶展开后的 10～30 天处理效果最好。如处理过迟,雌、雄花型已定,便起不到促进早开、多开雌花的作用。

总之,要想在育苗期间多孕育雌花,并使之节位下降,为早熟丰产打下良好的基础,必须根据上述条件,采取相应的配套措施,这是培育壮苗获得早产高产的关键。

(九)正确识别与预防西葫芦"戴帽"苗

西葫芦育苗时经常出现戴帽出土现象,"戴帽"苗易形成弱苗,影响苗子质量。

1. 症状识别　西葫芦苗子出土后子叶上的种皮不脱落,俗称"戴帽",秋苗子叶期的光合作用主要是由子叶来进行的,苗子"戴帽"使子叶被种皮夹住不能张开,因而会直接影响子叶的光合作用,而且会使子叶受伤,造成幼苗生长不良或形成弱苗。这样的苗子定植后对后期植株的生长发育也有影响。

2. 发生原因　苗子"戴帽"是由多种原因造成的,如种皮干燥,基质太干燥,致使种皮容易变干;出苗后过早揭掉覆盖物或在晴天揭膜,致使种皮在脱落前已经变干;种子秕瘪,生活力弱等。

3. 防治措施 不能播干种,播种前要进行浸种处理,播种深度要均匀一致;加盖薄膜进行保湿,使种子从发芽到出苗期间保持湿润状态,幼苗刚出土时,如果基质过干要立即用喷壶洒水;一旦发现"戴帽"苗出现要立即人工摘除。

二、西葫芦穴盘嫁接育苗技术

(一)西葫芦嫁接育苗主要的优点

1. 增强抗病能力,解决了连作重茬问题 由于日光温室连年重茬种植,所以病害逐渐积累,虫害逐年上升。西葫芦进行嫁接可克服土壤连作障碍,防止根部病害发生,尤其可以避免镰刀菌枯萎病等土传病害,不仅减少了农药的施用量,而且减轻了农药对西葫芦的污染,降低了劳动成本和劳动强度,进一步提高了经济效益。

2. 增产效果显著 砧木根系发达,吸水吸肥能力强,抗逆性强,嫁接后接穗得到了充足的水分和养分供应,生长速度加快且秧苗健壮,增产幅度增大。据试验,嫁接西葫芦比自根西葫芦增产30%~50%。

3. 增强了植株抗逆性 用黑籽南瓜、日本优清等砧木嫁接的西葫芦,有效地促进了根系的发育,提高了根系的耐寒耐热抗病等抗逆性和适应性,从而提高了嫁接西葫芦的产量。当地温下降至8℃左右时,仍能保持较强的生长势,而不嫁接的西葫芦则停止生长,如果低温持续的时间较长,不嫁接西葫芦还会出现"花打顶"以及"寒根"等冷害现象。

(二)嫁接西葫芦选用砧木的依据

西葫芦嫁接栽培时必须选择优良的砧木,以达到防病和早熟的目的,因此砧木的选择在嫁接栽培中至关重要。选择砧木时要掌握以下4个基本原则:①砧木与接穗的亲和力,主要包括嫁接亲和力和共生亲和力。嫁接亲和力是指嫁接后砧木与接穗愈合的程度,可以用嫁接后的成活百分率来表示。嫁接后砧木很快就与接穗愈合,成活率高,则表明砧木与接穗的嫁接亲和力高,反之则低。共生亲和力是指嫁接成活后两者的共生状况,一般用嫁接成活后嫁接苗的生长发育速度、生育正常与否、结果后的负载能力等来表示。嫁接亲和力和共生亲和力并不一定一致,有的砧木与接穗嫁接成活率很高,但后期表现不良,表现为共生亲和力差。因此生产上选择砧木时,要选择嫁接亲和力和共生亲和力都较高且较一致的砧木。②砧木的抗病能力。选用砧木嫁接西葫芦最重要的一个目的就是为了增强西葫芦的抗病力,尤其是对镰刀菌枯萎病等土传病害的抵抗力,因此,选择的砧木必须具有抵抗这些病菌的能力,这也是选择砧木的一个重要因素。③砧木对西葫芦品质的影响。不同的砧木对西葫芦的品质会有不同的影响,因此西葫芦在嫁接时,必须选择对西葫芦品质基本无不良影响的砧木。④砧木对不良环境条件的适应能力。在嫁接栽培的情况下,西葫芦植株的低温生长性、雌花出现早晚和低温坐果性,以及根群的扩展和吸肥能力、耐旱性和对土壤酸度的适应性等,都受砧木固有特性的影响。不同的砧木有不同的特性,对接穗的影响也不相同。因此,根据需要选用最适宜的砧木,是获得西葫芦早熟、丰产和优质的关键之一。在日光温室栽培中,由于温度低、光照弱,应选择耐低温、耐弱光、对不良环境条件适应性强的砧木。

(三)适于西葫芦嫁接的主要砧木品种

1. 黑籽南瓜 根系强大,茎圆形,分枝性强。其根抵抗低温能力强。西葫芦根系在温度10℃时停止生长,而黑籽南瓜根系在8℃时还可以生长根毛。黑籽南瓜嫁接苗比自根苗素质高,生长旺盛,抗逆性强,前期产量和总产量均比自根苗显著增产。

2. 中原共生 Z101 系河南郑州市中原西甜瓜研究所利用国外种质资源通过远缘杂交育成的砧木新品种。中原共生 Z101 较黑籽南瓜优点突出,发芽势强,出苗整齐,髓腔紧实,嫁接亲和力强,根系发达,吸水吸肥力强,植株生长旺盛,抗寒耐热,低温条件下生长迅速,中后期不早衰,抗枯萎病,彻底解决了重茬连作障碍,其耐根结线虫病是其他砧木所无法比拟的。本品种完全不同于一般黑籽南瓜,对西葫芦品质、风味无任何影响,最大限度地保持了原品种特性,同时表现坐瓜提前,坐瓜率高;瓜条顺直,单瓜重增加;颜色浓绿且有光泽,商品价值高;提早上市,采收期延长,其产量比用黑籽南瓜作砧木的提高30%。

3. 特选新土佐砧木 系日本引进的杂交一代南瓜(笋瓜与中国南瓜的种间杂交种),其生长势、吸肥力、与西葫芦的亲和力均很强;耐热,耐湿,耐旱,低温生长性强,抗土传病害;适应性广,苗期生长快,育苗期短,胚轴特别粗壮;很少发生因嫁接而引起的急性凋萎,能提早成熟和增加产量,其氮肥施用量比自根苗减少30%。

4. 白皮黑子 生长最强健,种子黑色,用作西葫芦的根砧,低温生长性强,吸肥力强,抗土壤病虫害力强,可使西葫芦提早结果,而且结果良好,生产健壮,产量增加。

5. 壮士 壮士属中国南瓜,生性强健,根部抗萎凋病等,亲和性良好,适于作西葫芦的根砧。因南瓜根砧吸肥、吸水力强,低温生长性亦强,故可使嫁接其上的西葫芦生育结果更佳。

6. 共荣 利用抗病性南瓜共荣作根砧,西葫芦嫁接其上,不仅可以连栽,而且嫁接亲和性良好,接活率高。低温生长性强,吸肥力强,嫁接后生育结果良好,产量高而且稳定,对西葫芦品质无不良影响。

(四)穴盘的选择

西葫芦嫁接育苗选用标准穴盘。砧木播种选择 50 孔穴盘,接穗播种选择 105 孔穴盘。

(五)基　质

选用的基质参阅西葫芦穴盘育苗技术。

(六)嫁接方法

西葫芦嫁接育苗所用的嫁接方法有靠接法、插接法和劈接法等。穴盘嫁接育苗多用插接法。其具体方法是:先去掉砧木苗的生长点,用 1 根光滑竹签从砧木子叶基部的一侧向胚轴中斜插其尖端,至顶住砧木下胚轴的表皮为止,竹签插入砧木内的长度一般控制在 0.5～0.7 厘米。削接穗时,用左手托住西葫芦苗的两片子叶,将下胚轴拉直,右手拿刀片,从西葫芦子叶下 1 厘米处以 30°角斜削一刀,把下胚轴大部分及根削掉,接穗的下胚轴上的斜切面为 0.5～0.7 厘米长。随即从砧木中拔出竹签,将接穗的切面向下插入砧木顶心的小孔中,使两者切口密切结合,并使接穗与砧木的子叶着生的方向呈十字形(图 3-1)。

采用插接法嫁接西葫芦须注意:砧木南瓜的播种日期可以比西葫芦的播种日期提前 3～5 天,南瓜播种的种子粒距为 4 厘米左右,不能播得太密,以防止出现高脚苗。西葫芦种子的粒距为 1～2 厘米。嫁接的适宜形态是:西葫芦苗子叶展平,砧木苗第一片真叶长到五分硬币大,一般在南瓜播后 12～13 天进行。

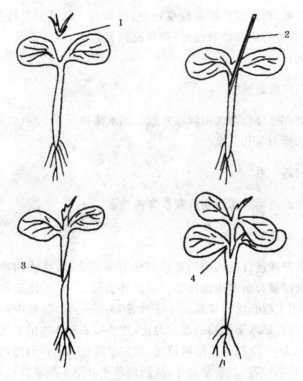

图 3-1　西葫芦插接过程

1. 去掉南瓜顶芽　2. 斜向插入竹签　3. 削切西葫芦接穗　4. 插上接穗

(七)嫁接苗管理

　　嫁接苗成活率的高低与嫁接后的管理技术有着非常重要的关系,西葫芦嫁接苗管理的重点是为嫁接苗创造适宜的温度、湿度、光照及通气条件,加速接口的愈合和幼苗的生长。

　　1.保温　嫁接苗伤口愈合的适宜温度为25℃左右,接口在低温条件下愈合很慢,影响成活率。因此,幼苗嫁接后应立即放入拱棚内,苗子排满一段后,及时将薄膜的四周压严,以利保温、保湿。

苗床温度的控制,一般嫁接后 3～5 天内,白天保持 24℃～26℃,不超过 27℃;夜间保持 18℃～20℃,不低于 15℃。3～5 天以后,开始通风,并逐渐降低温度;白天可降至 22℃～24℃,夜间降至 12℃～15℃。

2. 保湿　如果嫁接苗床的空气相对湿度比较低,接穗易失水引起凋萎,会严重影响嫁接苗成活率。因此,保持湿度是关系到嫁接成败的关键。嫁接后 3～5 天内,小拱棚内空气相对湿度控制在 85％～95％;但营养钵内土壤湿度不要过高,以免烂苗。

3. 遮光　在棚外覆盖稀疏的草苫或遮阳网,避免阳光直接照射秧苗而引起接穗萎蔫,夜间还起保温作用。在温度较低的条件下,应适当多见光,以促进伤口愈合;温度过高时适当遮光。一般嫁接后 2～3 天,可在早晚揭除草苫以接受弱的散射光,中午前后覆盖草苫遮光。以后逐渐增加见光时间,1 周后可不再遮光。

4. 通风　嫁接后 3～5 天,嫁接苗开始生长时即可开始通风。开始时通风口要小,以后逐渐增大,通风时间也随之逐渐延长,一般 9～10 天后即可进行大通风。开始通风后,要注意观察苗情,如发现嫁接苗萎蔫时要及时遮荫喷水,停止通风,避免因通风过急或时间过长而造成秧苗萎蔫。

5. 抹芽　砧木切除生长点后,会促进不定芽的萌发,如不及时除去,将会影响对接穗的养分与水分供应。这一工作约在嫁接后 1 周开始进行,每 2～3 天切除不定芽 1 次。

另外,要注意经常观察接穗是否保持新鲜、是否有明显的失水现象等;幼苗成活后要进行大温差锻炼,使幼苗生长健壮;还要及时去掉砧木侧芽,防止它与接穗争夺养分,从而影响接穗的成活。

三、西葫芦泥炭营养块育苗技术

(一)泥炭育苗营养块的突出优点

1. 无菌无害、无病虫卵 泥炭是沼泽草本植物遗体在高湿厌氧的环境中经万年堆积不完全分解而成的富含水分、有机质、腐殖酸、多元缓释养分的松软地质体,无病菌,不含虫卵,克服了传统育苗老园土携带病菌、虫卵等引起土传病虫害的缺点,还可减少草害的发生,从而极大地减轻了苗期管理中防病治虫的劳动强度,减少了人力物力的投入。

2. 利于幼苗健壮生长 泥炭本身富含营养,制作育苗块时又加入了多种营养,可满足蔬菜幼苗对养分的需求,保证了幼苗的健壮生长。有资料显示,用泥炭营养块育出的西葫芦苗茎粗增加20%～22%,根数增加 20%～30%,根干重增加 40%～50%,叶面积增加 10%～12%。提高了幼苗的抗逆性,利于培育壮苗。

3. 养分供应时间长,管理幼苗省工省时 营养块中含有大量的有机质、腐殖酸和多种缓释营养元素,养分供应可达 70～80 天,对幼苗管理极为简便,只需要按时补水即可,无须施肥。

4. 定植时无须缓苗 幼苗营养块直接定植,不伤根,不缓苗,定植后直接进入旺盛生长阶段。有关研究表明,产品可提早 7～15 天成熟,平均增产 20%～30%。

5. 改良土壤,培肥地力 泥炭中含有丰富的有机质、腐殖酸、纤维素和氮、磷、钾及多种微量元素,有较强的吸附性,能平衡土壤中的盐分含量,调节 pH 值,有良好的离子交换能力。带营养块定植可提高土壤中有益菌群数量,增加土壤有机质,提高土壤肥力,改善土壤理化性状。

(二)育苗方法

采用泥炭营养块育苗是一种新型的育苗方式,有别于传统的育苗方式,只有正确掌握其育苗方法,才能达到预期目的。

1. 种子处理　播前将种子晾晒 2 天,提前 1～2 天浸种催芽。种子露白时待播。

2. 做畦铺膜　播前 1 天在育苗地做畦,畦高 5～7 厘米,畦宽 1.2 米,长度据播种数量而定,将畦面整平压实,上铺农用薄膜,防止水分渗漏、外流和根系下扎。

3. 摆营养块,浇透水　在畦面的农膜上按播种的数量整齐摆放育苗营养块(选用圆形小孔 40 克营养块),按每 100 个育苗营养块吸水 15 升浇水,分 2～3 次浇完,以便充分吸收。吸水后营养块迅速膨胀、疏松,用竹签扎刺营养块,如有硬心需继续加水,直至全部吸水膨胀为止。

4. 播种覆盖　营养块吸水膨胀后的第二天,在每个营养块的播种穴里播 1 粒露白的种子,上覆 1～2 厘米厚的专用覆种土,无须按压,育苗块间隙不必填土,以保持通气透水,防止根系外扩。

5. 苗期管理　播种后对营养块不要移动、按压,否则易破碎,2 天后即会固结一体、恢复强度,方可移动。管理上视营养块的干湿和幼苗的生长情况及时补水,防止缺水烧苗。整个苗期只浇水无须施肥。定植前 3～4 天停水炼苗,定植时将营养块一起定植,在营养块上面覆土 2～3 厘米,栽后浇透水。

(三)注意事项

实施西葫芦泥炭营养块育苗时须注意以下 3 点:①定植时应把营养块全部埋在土中,上面至少盖土 2～3 厘米厚,定植后应浇透水。②老龄温室等病害较多的土壤应在定植穴内适当加入杀菌剂,以防止病菌侵染。③达到苗龄要求时应及时定植,若不能按期定植应采取措施防止出现根系老化和脱肥现象。

第四章　日光温室西葫芦多茬次栽培技术

一、越冬茬

西葫芦越冬茬栽培的育苗期基本与越冬茬黄瓜育苗期一样，但由于西葫芦的苗龄期比黄瓜短，所以可以比黄瓜的播种期适当晚5～7天。以山东省寿光市为例，一般于10月上旬播种育苗或直播，翌年元旦即可采收嫩瓜上市。如管理得当，结瓜期可达4个月之久。当前，以直根苗西葫芦作为日光温室的主栽品种，在寿光还占有相当大的比例。为了提高经济效益，有的菜农创造了多种排茬种植的方法。如直根苗西葫芦假3～4月份结束，再种任何蔬菜已过了季节。因此，在种植西葫芦的同时，可把苦瓜、丝瓜苗也一块套种在日光温室内，因为苦瓜、丝瓜是高温蔬菜，深冬季节生长缓慢，对西葫芦的生长影响不大。等到翌年西葫芦长势减弱、价格降低，拉秧后让其接茬作物生产，日光温室生产的效益仍然较高。

(一)浸种催芽

首先将购进的种子放入清水中，将漂浮在水面上的不成熟的种子清除掉；然后用55℃～60℃的温水浸种10分钟，以杀死种皮上的病原，接着在20℃～30℃的温水中浸泡约4小时，捞出后控干水分，用潮湿纱布包好，在28℃～30℃的条件下催芽，待种子破嘴露白后即可播种。浸种时应注意，不要把55℃～60℃的水加得过多，放入种子后要不停地搅拌，使水温很快降低，以免烫伤种子。换上20℃～30℃的温水时，要用手搓掉种皮上的黏液，用纱布包好。在催芽过程中，要隔 4 个小时打开布包一次，让其呼吸新鲜空气。

(二)播种育苗

由于西葫芦直播苗的根系较强大，吸收水分和养分的能力强，所以日光温室栽培西葫芦时多采用直播法。有时因茬口安排有困难，也可采用苗床育苗，以节省土地和掌握农时。许多种植户近几年广泛采用营养钵育苗，非常有利于管理和移栽，而且不会因为伤根而传染病毒等病害。

无论是采用苗床育苗还是营养钵育苗，都要先配制好营养土，这对培育壮苗极为关键。取 3 份肥沃的、4 年之内没有种过瓜类的园田土，1 份腐熟的圈肥，再加入少量柴草灰和锯末，混合均匀后过筛，然后做畦或装营养钵。准备好后即可播种，上覆土厚度 2 厘米。完成此道工序以后，应在畦面撒少量拌有敌百虫的麸皮，防地下害虫。之后，用小拱棚薄膜封闭保湿，直至出苗。

西葫芦适龄壮苗的标准：日历苗龄 30 天左右，具有 3～4 片真叶，株高 10 厘米左右，茎粗在 0.5 厘米，叶柄长度与叶片长度相等，叶色浓绿，子叶完好，根系发达。

幼苗期的温度管理：白天气温保持在 20℃～25℃，超过 25℃ 时要通风降温。夜间气温保持在 10℃～15℃，最低不要低于 6℃。夜间温度控制过高，苗子容易徒长，形成高脚苗。同时，还不利于雌花分化，结果晚。这个时期，要科学适当地控制水分，出现明显的缺水症状时可浇小水，浇水后要注意通风，降低空气湿度，预防病害发生。为防止发生立枯等病害，用绿亨 2 号（多·福·锌）对水 600～800 倍液灌根。为预防叶片发生病害，可每隔 7 天用甲基硫菌灵 800 倍液或百菌清 600 倍液叶面喷洒 1 次。为防止温室白粉虱、蚜虫、菜青虫、斑潜蝇对幼苗的为害，可每隔 5～7 天喷施一次针对性药物杀虫。

(三)移栽、起垄、盖膜

定植西葫芦前,要施足基肥,然后深翻地后整平、起垄,按大行90厘米、小行60厘米、株距55～70厘米的尺寸画线,把苗子放到已开出的浅沟内,从苗子两边起垄,从垄底到垄顶高度达到25～30厘米,垄背宽达到25～30厘米,然后浇缓苗水,2～3天后覆盖地膜。施行此道工序应注意以下3点:①把所施的肥料一次撒于地面深翻,坚决杜绝把化肥、鸡粪施到定植沟内,避免肥害烧苗。②浇缓苗水时要选晴天上午进行,要求浇透浇足。浇水时不要打开通风口,等温室内气温达到30℃时再通风降温排湿。③要采用1.5米宽的地膜,开口要小,两边要拉紧,小沟上的地膜要铺平。地膜用钢丝起好拱:首先在温室前缘处横向固定一根钢丝,其长度根据温室的长度确定,钢丝两头用木桩固定好;而后再在种植行北面固定一根钢丝,与前缘处的钢丝等长。这样种植行前端和后端就各有一根钢丝,然后再在每个种植行中间纵向拉一根钢丝,与种植行等长,两端固定在前后两根钢丝上,这样覆盖上地膜后,地膜就不会再贴在地面上,而是留有30厘米左右的空间,使地膜充分发挥其保温、保湿的作用。

(四)定植后的管理

西葫芦移栽定植以后,很快进入正常的生长,随着相继进入前期和中后期管理,此阶段加强管理,使西葫芦植株健壮、发育正常,即可获得较高产量。如果看到苗子已经成活,就掉以轻心、疏于管理容易使植株发育不良,产量下降。日光温室西葫芦的栽培管理,可划分为前期管理(春节前)和中后期管理(春节后),这两个阶段气候差异很大,西葫芦在各个生育阶段的需求条件也不一样,在管理措施上要因时因阶段而异。

1. 前期管理　西葫芦移栽定植后有一个缓苗期。西葫芦苗从苗床移栽到日光温室中,所处的环境发生了较大变化,它的根在移栽过程中也可能断掉和受伤。因此,在缓苗期内,要创造一个适宜的条件使其尽快生根。这段时间日光温室内气温白天应保持在25℃～30℃,夜间保持在18℃～20℃,选晴天的上午浇1次缓苗水,以利于保持湿度。缓苗期过后,要适当降低温度,白天气温保持在20℃～25℃,夜间保持在11℃～14℃。这时把夜温降低的目的,在于防止秧苗发生徒长,以利于雌花的分化,早现雌花,早坐果。植株坐瓜以后,温室内气温可适当提高,白天气温控制在25℃～28℃,夜间为15℃～18℃,以加速植株生长,提高产量。

嫁接后的西葫芦最理想的上市时间是元旦前后的几天,但此时形不成主要产量,从单瓜的重量来看,应长到300～400克采摘最为适宜。但如果采摘过晚,瓜条消耗营养过多,将妨碍植株发育。元旦到春节这段时间是北方地区的蔬菜淡季,而且临近春节,精细菜的消费量很大,鲜菜也可较长时间地存放和远销,因此这个阶段蔬菜行情好、价格高,正值日光温室西葫芦盛果前期。日光温室内栽植的恋秋直播西葫芦已到拔秧阶段,而嫁接的西葫芦则进入高产高效益时期,茬口衔接紧密。因此,在这一阶段应采取有力措施把产量促上去。但春节前降雪、强冷风不断出现,给日光温室西葫芦的管理带来很大难度。这段时间的管理要求是延长光照,搞好保温,适量浇水,力夺稳产。既要注意早揭晚盖草苫(兼顾温度),尽量延长光照时间,如遇特殊气候变化,也可在温室内安装电灯泡,为西葫芦补充光照。为提高西葫芦叶片的光合效率,可以喷施光合促进剂。连续雪天或阴天应该考虑利用电、炉火等方法为日光温室加温。在深冬季节,除了在晴朗天气坚持早揭晚盖草苫以外,还要严格按照要求通风,当温室内温度达不到28℃不要打开通风口(多云天气温度达不到27℃～28℃时,要在中午12时以后放风,但要缩短通风时间)。温度降到23℃即迅速关闭通风口,使温室内尽可能多地积蓄热量,以抵御晚上的严寒。无滴膜很容易粘土和草屑,要坚持每2～3天擦拭一遍,保持无滴膜的透光率。如果遇到过多的雨夹雪严寒天气,有条件的要在草苫表面加盖一层塑料膜防寒、防雨和防雪。可在温室内明火升温,但要注意防止烟害。

西葫芦春节前后浇水时既要看天气情况和讲究方法,也要讲究浇水量。如果连续出现晴朗天气,西葫芦植株健壮、不徒长,土壤中水分含量低于85%,看天气预报往后几天也是晴朗天气,这时可以浇一次足水,大沟小沟一块浇。如果气候出现大的变化,西葫芦又很需要浇水,可以只浇小沟,不浇大沟。西葫芦温室内的湿度要掌握在如下状态:土壤水分含量85%～90%,白天空气相对湿度为75%～85%,夜间为90%。如果温室内土壤湿度过大,地温又偏低,很容易出现沤根和病害。如温室内空气相对湿度过大,叶片表面挂有一层水膜,这层水膜能干扰气体交换,阻碍光合作用,可使叶片蒸腾作用出现障碍,进而影响到整个植株对养分和水分的吸收而出现长势减弱、生育不良,病害也随之加重。因此,浇水时须在晴天上午浇(下午或阴天不要浇)要把温度提升至28℃才能打开通风口,这样既有利于提高地温,又可降低湿度。浇水后如果遇到阴天和雨雪天气,可施放烟雾剂杀菌农药防病。

整蔓是日光温室正常的田间管理措施。西葫芦嫁接技术所采用的是吊绳法,这样能最大限度地利用温室内空间、光照,加速生长,提高产量。但是西葫芦植株长势不尽一致,有高有矮,需要通过整蔓,使较高的植株长势和整个群体保持一致,做到互不遮光。当主蔓爬到1.6米的高度时落一次蔓。落一次蔓一定要把底部的老叶打去,并清理出棚外。要注意打掉老叶,打老叶或采收瓜条时要使伤口离主蔓远一些,否则极易造成感染而使主蔓烂掉。

此外,每天上午8～9时采下刚刚开放的雄花,去掉花瓣,把雄蕊的花粉轻轻涂在雌花的柱头上即可。也可用40～80毫升/升的2,4-D液涂抹雌花柱头,以起到保花保果的作用。如果在人工授粉后的第二天再用 2,4-D 处理瓜柄和柱头,效果更佳。

2. 中、后期的管理 进入阴历 2 月份,日光温室西葫芦随着天气转暖而进入盛产期,此时西葫芦对水肥的需求量加大;同时,随着浇水次数的增多,受光照、温度、湿度的变化影响,病虫害发生加重。这一阶段宜肥水齐攻,加强病虫害防治工作,以夺取高产量。进入盛果期的施肥方法是:每次浇水前,先把施用的肥料放在容器中溶化,浇水时随水浇入;注意不要浇清水,每次浇水都带肥。要根据长势的需要适时追施叶面肥,以满足其生长的需要。

利用日光温室进行西葫芦生产,如果有机肥施得足,夜间分解的二氧化碳会不断增加。据测定,日光温室内夜间 10～12 时,二氧化碳含量能增加到 800～1 000 毫升/米³,这个含量能维持至天亮。白天揭去草苫后,阳光照射到温室内,促使温度升高,二氧化碳的含量却急剧下降,温室内二氧化碳含量上午 10 时前,可降至自然大气的含量(300 毫升/米³)以下。日光温室开始通风后,温室内外气体互相流通,温室内二氧化碳的含量与大气平衡。二氧化碳的具体使用方法,请参阅第六章第二部分。

(五)人工辅助授粉

利用西葫芦的雄花为雌花授粉的人工操作,既费工又费时,而且会导致嫩瓜顶部变大,从而降低商品性。近几年,菜农多采用强力坐瓜灵和 2,4-D 涂抹雌花,效果极佳。一些农药生产厂家研制出西葫芦专用型涂抹用药,效果更好。用药剂涂抹时应注意以下3 点:①拉开草苫后,待棚温达到 20℃时再开始涂花,如气温偏低时涂抹雌花,效果不理想。②用毛笔蘸药,先涂雌花柱头、再涂果柄,最后在果实上涂抹一道,这样涂花,以后长出的瓜条顺直,无大头无细腰,商品性好。有的菜农为防止雌花感染灰霉病,在涂花的药液中加入少量腐霉利,效果也不错。③授粉后雌花会逐渐干枯脱落,要及时地把脱落的花拣出温室外,以尽量减少灰霉传染的机会。

(六)吊蔓和架蔓

由于西葫芦叶片片硕大,叶柄较长,在日光温室栽培密度相对较大的情况下,中、后期必然会出现相邻植株互相遮荫,致使下部叶片得不到光照,造成营养不良而变黄、干枯等问题。改善光照条件的主要措施是吊蔓,其具体方法是:在每一垄西葫芦的上方1.8米处南北向拉一条细钢丝,每棵西葫芦拴一根吊绳,上头拴在细钢丝上,下部拴西葫芦的吊绳一定要系成活结,这样植株坐瓜以后不至于向一边倾斜歪倒。吊蔓时每株仅留主蔓,其余腋芽及早抹去。同时,要经常摘去底部已失去功能且枯黄的老叶,以减少营养消耗。西葫芦在生长过程中,容易长出许多卷须,为节省营养,应将卷须及早抹掉。打老叶、病叶、残叶时,要从主蔓和叶梗结合的地方掰掉,这样容易使伤口尽快愈合,最好不要从叶梗的中间折断,这样容易感染。

(七)病虫害防治

日光温室西葫芦的病虫害主要是病毒病、灰霉病、蚜虫和白粉虱。防治病毒病应以预防为主,注意消灭传毒害虫,发病初期可用盐酸吗啉胍铜250倍液+胞嘧啶核苷肽类病毒抗生素400倍液防治,每5～7天喷1次,连喷2～3次。对灰霉病,可用乙烯菌核利2 500倍液、嘧霉胺2 000倍液等药剂喷洒,隔7～10天喷1次,连喷2～3次。对白粉病,可用硫磺胶悬剂400倍液防治,对蚜虫可喷啶虫脒2 000倍液防治,隔5～7天喷1次,连喷2～3次。对白粉虱,可用吡虫啉1 000倍液、扑虱灵1 500倍液喷洒,隔5～7天喷1次,连喷2～3次,或用黄板诱杀。

(八)适时采收嫩瓜

西葫芦以嫩瓜为产品。嫩瓜的采收时间根据坐瓜部位、采收季节、植株长势确定。生育前期,坐瓜的节位低,瓜体生长对整个植株生长影响较大,此时又正值严寒季节、瓜菜淡季,应适当提早采摘上市,一般当嫩瓜长到150～250克即可采收。结瓜盛期,一般当嫩瓜长到400～500克时采收。如果采收过晚,不但容易发生"坠秧"现象,而且会影响上一节位已经坐下的瓜的生长发育,有时还会使上一节位的瓜发生畸形,因而降低商品价值。采瓜装运时应注意轻拿轻放,防止碰伤表皮。运输时要在筐内洒入少量清水,以避免瓜表皮萎蔫。

(九)冬季连阴天后如何对西葫芦进行管理

连阴天过后,天气转晴时,不要急于一下子将草苫全部拉开,要避免阳光直射而造成植株萎蔫,应采取"揭花苫"的方法逐步增温增光,对受强光照而出现萎蔫现象的植株要及时盖草苫遮阳,并随即喷洒15℃～20℃的温水,同时注意逐渐通风,防止闪秧闪苗。如温室安装有卷帘机,可通过分次揭帘的方法揭帘见光,即第一次先揭开1/3,如不出现萎蔫时再揭1/3,最后一次才将棚全部拉开,这样可使西葫芦有一段适应的过程,防止发生急性萎蔫。

冬季若出现受冻植株,可先通过喷温水(温度不能太高,可以掌握在10℃～15℃,根据当时的具体情况而定,受冻严重时,水的温度要稍低)的方法进行缓解后再用2.85%硝·萘酸水剂6 000倍液或纳米磁能液(纳米级程度的中草药等萃取液及硼、钼、锌、铁、铜、镁等微量元素)2 500倍液进行叶面喷洒,以促进植株生长加快。

在不良天气条件下坐的瓜组即使没有焦化,也会因营养不良而出现大批畸形瓜,可适当摘除一部分。

当西葫芦出现花打顶时,可以适当疏掉一些幼瓜,以利于枝蔓伸长;此外,喷施植物生长调理剂丰收一号(主要成分:有机质≥20克/毫升,甲壳素≥5%),也有利于增强西葫芦植株机体恢复能力。

连阴天后,西葫芦的根系会受到不同程度的伤害,从而降低其对水分、养分的吸收能力,因此天气转晴后,可以喷施海藻素、2.85%硝·萘酸水剂等叶面肥,以增加营养元素;也可用甲壳素等灌根,以补充营养,促进新根生成。

二、早春茬

(一)选用良种

早春西葫芦应选择株型小,节间粗短,瓜码密,早熟丰产,抗病毒病和耐高温的品种。

(二)育 苗

1. 选择适宜的播种时间 早春茬西葫芦一般苗龄为 30 天左右,定植后约 30 天开始采收,从播种到采收历时 60 天左右。早春茬西葫芦一般要求在 4 月前后开始采收,以便到五一节前后进入产量的高峰期。由此推算,正常的播期应在 1 月中下旬。

2. 育苗应掌握的要点 对早春西葫芦要进行护根育苗,出土前昼夜保持 25℃～30℃,出土后白天保持 20℃～23℃,夜间保持 10℃～15℃,不能低于 6℃。

(三)定 植

1. 整地施肥 早春茬西葫芦栽培属于"短、平、快"的快节奏生产的一茬。西葫芦根系较发达,喜欢肥沃土壤,定植前要整地做垄,冬前深翻,早春施肥整地,每 667 平方米施优质农家肥 5 000

千克、过磷酸钙 40～50 千克、尿素 30～40 千克。施肥时采用地面撒施和开沟集中施用相结合的方法进行,但沟施时应结合该茬的种植形式进行;撒施以后应深翻土 40 厘米,打碎土块,使土壤和粪肥充分混匀,整平地面。

按照 80 厘米的大行距和 55～60 厘米的小行距开约 10 厘米深的定植沟。若用开沟集中施用的方法,则在开沟后施肥、浇水后再起垄,垄高大约为 25 厘米,沟底宽约 30 厘米。在 80 厘米的大行间筑起一条可供人行走的垄。把两个相距 55～60 厘米的垄间用地膜覆盖起来,地膜分别搭在两垄外侧各 10 厘米左右的地方。

2. 定植时期和密度 早春茬日光温室西葫芦的定植时期,应该根据不同纬度地区、日光温室中的温度条件、光照条件、本地区的市场销售情况以及该地区的天气变化规律来决定。在华北地区,一般应在 11～12 月份定植。西葫芦的栽培密度应根据品种的株型以及栽培方式来决定,小型品种每 667 平方米定植 1 800 株左右,大型品种定植 1 600 株左右。近年来,多采用吊蔓栽培的方式,小型品种如早青一代,一般每 667 平方米栽苗 2 000 株。由于在日光温室栽培条件下,冬春茬栽培西葫芦的行距已经固定,大、小行距分别为大行距 80 厘米、小行距 55～60 厘米,所以栽培密度主要由株距的变化来决定,实行三角形定植,株距为 45 厘米左右。

3. 定植方法 定植前两天把育苗床浇透水、定植时边割坨边栽苗。定植苗要选择植株大小一致、生长势旺、无病虫害的苗,按规定的株行距,在垄上破膜开穴,把苗坨植入穴中并使苗坨稍露出地面,分株浇稳苗水,待水渗下后覆土使苗坨面与膜面持平,可用土将膜的开口封压住。由于冬春茬定植时,地温和气温都比较低,所以定植应该选择晴天的上午进行,定植全部结束以后若地温比较高,可以用小水浇缓苗水,切不可顺沟浇大水,否则,地温降低,将导致植株缓苗慢,缓苗期长。待缓苗以后再顺沟浇一次透水,把垄湿透。

(四)定植后的管理

1. 环境调控　西葫芦是既喜强光又耐弱光的作物,但是以11～12 小时的强光最适宜,尤其幼苗期光照充足可使第一雌花提早开放,并能增加雌花的数量。进入盛果期更要求强光。晴天多,光照强,能使收获期提前并提高产量;否则,收获期延后并降低产量。

短日照也可促进雌花的发生,但花芽的分化及雌花的生长与温度有关。温度与日照相比,温度是主要条件。在日照为8～10 小时的情况下,昼夜温度在 15℃～20℃的范围内,第一雌花出现的节位和节成性是:温度愈低,日照时数愈短,雌花出现越早、节成性越高;否则,相反。

在温度和日照的管理中应注意:白天温度为 20℃～25℃,夜温为 10℃～15℃,日照长度为 8 小时的条件下,不但雌花多,而且子房和雌花都比较肥大,但对于未受精的花朵来说,日照短于 7 小时反而比长于 11 小时的坐瓜少,不过超过 18 小时的长日照则不会坐瓜。受精花朵的坐瓜则不受日照长短的影响。

2. 肥水管理　整地时每 667 平方米施有机肥 8 立方米、过磷酸钙 80 千克、磷酸二铵 30 千克、硫酸钾 30 千克。定植时浇足水,缓苗期间一般不浇水。定植后到根瓜采收前,这一段正是促根控秧时期,一般不浇水。当第一根瓜坐住并开始膨大时,开始浇水,每 667 平方米随浇水施尿素 20 千克,浇水量为垄高的 1/3,因这时外界气温很低,室内放风量小,浇水不宜过勤;浇过水后,及时密封垄头边的薄膜,以降低室内的湿度。此期间的浇水原则一般是每半个月浇 1 次水。进入结果盛期,外温升高,通风量逐步加大,植株和瓜条的生长变快,所以浇水次数变勤,一般每 7 天浇 1 次;浇水量为垄高的 2/3,且每隔 1 次水施 1 次肥,每次每 667 平方米施尿素 20～30 千克。此外,还可根外追施浓度为 0.1% 的尿素,每667平方米喷30千克。也可喷施0.2%的磷酸二氢钾,每667平方米喷30千克。正常生长的植株节间长度不应超过3厘米,否则即被认为是肥水过大,应给予控制。

3. 吊蔓 定植后10～15天,植株具有7～10片叶时,用透明塑料绳吊蔓,将塑料绳拴在茎蔓基部,上端拴在专为吊蔓扯拉的铁丝或日光温室的棚架上。生长中要不断地将吊绳与茎蔓缠绕起来;也可以用绳状物将吊绳与茎蔓分段绑在一起。随着植株的生长,一般在瓜下部留功能叶6～7片,对失去功能的老化叶片用刀割掉,叶柄留2～3厘米。茎基部发生侧枝及时摘掉。

4. 防止落花落果 西葫芦为异花同株作物,雄花的花粉粒到达雌花柱头上靠的是昆虫传粉。花粉的生活力时间较短,在花开前一天已具备授精能力。雄蕊花药在早晨5时左右散出,花粉粒萌发力逐渐减退。因此,采用人工授粉的方法是日光温室栽培西葫芦的关键技术措施,人工授粉应以在开花当天上午6～7时进行为好,如上午8时后受精率明显下降,将导致落花落果。授粉的方法是:摘下雄花,去掉花瓣,把雄蕊放在雌蕊柱头上轻轻地抹一抹,使花粉粒粘在柱头上。1朵雄花花粉可供3～4朵雌花授粉。也可用药剂处理,防止落花落果,效果较好,如冬季用35～40毫克/千克2,4-D处理,春秋用20～30毫克/千克2,4-D处理。为了防止重复处理,可在配好的溶液中加入红颜色,用毛笔蘸溶液涂抹在刚开花的雌花花柄上并轻轻点一下雌蕊。还可用防落素30～40毫克/千克蘸花,处理的时间在上午8～9时。实践证明:既采用人工授粉,又用激素处理,防止落花落果的效果最好。

(五)西葫芦栽培中容易出现的问题及防止方法

一是西葫芦前期一般雄花很少,日光温室西葫芦栽培前期基本没有昆虫传粉,这就需要及时进行人工授粉或激素处理,否则就坐不住瓜,或果实不能良好地膨大,将出现前端尖顶化瓜的现象。

二是对于坐果性良好的早熟西葫芦品种,春季栽培时需要进行疏花疏果。因早春温度偏低,营养生长相对较弱,如留瓜多,就可能坠秧,导致植株不能充分发育,使所有的瓜都不能长得太大。如果在秋季种植,则不需要去雌花。

三是温室内生长前期容易出现以细菌性病害为主的多种病害,宜用农用链霉素 3 000 倍液与代森锰锌 500 倍液混合液进行防治,隔 7～10 天喷 1 次,连喷 2～3 次。中后期应注意防治白粉病,可选用 12.5％腈菌唑乳油 5 000 倍液喷洒,隔 7～10 天喷 1次,连喷 2～3 次。

三、越夏茬

早春蔬菜基本收获完毕,夏秋季节利用日光温室进行纱网覆盖栽培生产西葫芦,不仅避免了杀虫剂污染,而且可减少农药残留量,同时能增加产量,改善品质。

(一)品种选择

夏秋季节由于气温高、光照强、雨水少,特别适合蚜虫的繁殖和迁飞,因此应选择种植耐高温、抗病毒病、外形美观、生长发育快的短蔓型品种。

(二)播前准备

1. 翻地起垄　前茬收获完毕后,及时清除枯枝落叶及杂草,然后用小型旋耕机深翻 2 遍,翻地后最好晾晒 1 周左右,最后耙平土地。起垄前,每 667 平方米施优质腐熟厩肥 4 000～5 000 千克、磷酸二铵 20～30 千克,其中 2/3 作撒施,撒完后再浅翻一遍,其余 1/3 做垄时条施于垄下。垄间距 1.2～1.4 米,垄高 20～30 厘米,呈龟背形,然后覆盖 90 厘米宽的地膜,将膜贴紧垄背压紧铺平,既保墒又不利于杂草生长。有滴灌条件的提前将滴灌带铺于膜下。

2. 铺设纱网 撤掉温室前裙膜,选用 25～40 目的白色或银灰色纱网代替裙膜覆盖于温室棚架上,棚膜之上再覆一层黑色遮阳网,四周用砖块或土袋压实封严,最后用压膜线拉紧固定。

3. 种子催芽 将西葫芦种子装入纱网袋中,放入 3 倍于种子体积的 55℃～60℃ 的温水中不停地搅拌,直至水温降至 30℃ 时再浸泡 6～8 小时,捞出后放入 0.5% 高锰酸钾液浸泡 30 分钟,而后将种子洗净。将处理过的种子用透气的湿毛巾包好放入 30℃ 左右催芽保温箱中催芽,每天淘洗一遍。一般经 2～3 天约 70% 的种子露白即可播种。

(三)点种及出苗后的管理

1. 点种 点种前先浇透水,待墒情合适时即可点种,一般多在 7 月下旬至 8 月初点种。每垄点种 2 行,将露白的种子按三角形点种,隔埯点双粒。待第一片真叶展平时定苗,每 667 平方米保苗 2 300 株左右。

2. 诱雌 为提早结果,增加产量,一般需进行两次"诱雌"。第一次在 2 叶 1 心时喷施 100 毫克/升乙烯利液,第二次在 3 叶 1 心时喷施 150 毫克/升乙烯利液。

3. 撤网及扣棚 8 月中旬及时撤去遮阳网,以防止徒长,只保留防虫网。秋季气温渐低,夜温不稳定,一般在 8 月底至 9 月初撤去防虫网,扣棚膜,进行保温防寒。此时夜温在 12℃ 左右,而白天温度较高,要注意通风调节温室内气温。

(四)采收前后田间管理

1. 采收前管理 幼苗出土后,生长迅速,苗期管理重点是以控为主,降低气温和地温,减弱光强,不浇水或少浇水。雌花现蕾后个别品种须及时打杈,保留主蔓结瓜。

2. 采收期管理

(1)温度 扣膜后棚温迅速升高,应及时通风,避免出现高温伤害,白天保持 25℃~28℃,夜间保持 15℃~16℃,结果中后期白天保持 24℃~25℃,夜间保持 12℃~15℃。可通过覆盖草苫或棉被达到提高夜温的目的。

(2)水肥 通常以追肥结合叶面喷施效果较好。幼瓜坐稳后,随水追施尿素 3~4 次,每次每 667 平方米施 5 千克左右,同时叶面喷施 0.3%磷酸二氢钾溶液,隔 7~10 天喷 1 次,连喷 2~3 次。浇水时随水冲施腐熟人粪尿,效果更好,膨瓜快,瓜秧壮。到结瓜后期,外界气温低,通风次数减少,温室内湿度增高,浇水间隔期延长,应一次浇足水,同时沟内铺 3~5 厘米厚的麦秸或茅草,以利于土壤保湿,减少蒸发,降低空气湿度。

(3)授粉及吊蔓 雌花开放时,由于没有昆虫传粉,可于开花当日清晨采摘刚开放的雄花去掉花瓣,将花粉轻轻涂抹于雌花柱头上,或用毛笔蘸取 30 毫升/千克的 2,4-D 液涂抹于瓜柄。授粉后 7~10 天即可采摘嫩果,此时,西葫芦叶面积及株幅均较大,而且栽培密度高,叶片相互遮荫,可采用吊蔓栽培的方式,这样既能提高光合效率,果实色泽又好,果皮光亮,商品性高。在生长中后期,打去下部老叶、病叶,保持主蔓结瓜。

(4)采收 当果实长至 150 克左右时即可采收嫩果,根瓜宜早收。

(五)病虫害防治

越夏西葫芦病虫害主要有蚜虫、病毒病和白粉病,中后期灰霉病较严重。防治蚜虫可用 10%吡虫啉可湿性粉剂 2 000 倍液喷雾。防治病毒病,可在选用抗病品种的同时进行种子消毒,同时注意预防蚜虫和加强管理。防治白粉病可用 15%三唑酮可湿性粉剂 1 000~1 500 倍液喷雾。防治灰霉病用 50%速克灵(腐霉利)

1 500 倍液喷雾。

四、秋 冬 茬

日光温室秋冬茬西葫芦生产由于气候条件特点和其他茬口的衔接,生育期比较短,为了争取时间,在栽培技术措施上应始终注意创造有利的环境条件,促进植株健壮生长,延长结果期,保证产品在元旦、春节能上市。在整个生长过程中要掌握"重促、忌控"的原则,并注意防止病毒病的危害。

(一)品种选择

根据天气气温情况和多年来寿光菜农的实践经验,播种时间以确定在 8 月上中旬为好。如播种过早,病毒病发生和蔓延严重;过晚,上市时间同越冬茬一致,将影响效益。品种宜选用抗病、高产的品种,如早青一代、法国纤手等。

(二)播种育苗

1. 选择确定适宜的播种时间 培育西葫芦壮苗是丰产的关键,而秋冬茬西葫芦育苗时正是高温季节。若保护措施跟不上就有可能培育病苗、弱苗。避免苗子发病的主要措施是降温、防雨。以寿光市为例,若不加任何降温、防雨设施,秋冬茬日光温室西葫芦的播期应为 8 月 20 日以后;如加上遮阳网,其播期可提早至 8 月 5 日;如遮阳网和旧塑料薄膜同时使用,其播期可提早至 7 月 25 日左右。

2. 育苗应掌握的要点 采用遮阳网和旧薄膜进行遮荫防雨育苗。育苗可选地势高燥、土质肥沃、能排能灌的地块,做成宽 1.5 米、高 15 厘米的苗床,苗床上支拱架,上盖旧膜防雨。盖膜时,苗床拱架两侧留 30 厘米左右的通风口通风。这一层旧塑料膜一般四周不密封,它主要是用于下雨时防雨。为了进一步降低温度,小拱棚上面再设一层遮阳网,这一层遮阳网既能降温,也兼能防雨淋苗,是夏季多雨季节育苗覆盖的理想材料。要加强对蚜虫、白粉虱的防治。第一片真叶展开要连喷 2 次 83-1 增抗剂 100 倍液预防病毒病;若天气干旱,可于中午前后和下午用喷雾器向遮阳网喷水,增加苗床湿度,降低夜间温度,也有利于减轻发病。

(三)定植前的准备

西葫芦定植前 5～10 天,用防雾滴、防老化薄膜将温室进行覆盖,老龄温室还应在定植前 2～3 天用硫磺、敌敌畏等进行熏烟消毒处理。

温室整地前铺施基肥,每 667 平方米撒施充分腐熟的有机肥5 000 千克、过磷酸钙 50 千克、尿素 20 千克、硫酸钾 15～30 千克、深翻 20～30 厘米,耙细搂平后,按大行距 80～90 厘米、小行距60～70 厘米做畦起垄后覆盖地膜。采用沟畦栽培,畦宽 130～140厘米,双行定植。

(四)定　植

因苗期温度较高,故适宜苗龄为 25 天。秋冬茬西葫芦定植期为 9 月上中旬。最好选阴雨天定植,如晴天定植最好在下午进行。定植前两天在苗床内喷洒 75% 百菌清 800 倍液进行消毒。定植时按 40～50 厘米的株距开穴,放入苗坨,先用少量土稳住苗坨后淹穴内浇水,水渗下后覆土,并用土将周围的地膜压严,然后顺沟浇大水。为增加前期产量,提高经济效益,密度可稍大于越冬茬,每平方米植 2 500 株左右。

(五)定植后的管理

1. 温度管理　定植后为促使早生根,早缓苗,要保持较高温度。白天保持 25℃～30℃,夜间保持 18℃～20℃,晴天中午棚温超过 30℃时,可适当通顶风。缓苗后适当降温,白天保持 20℃～25℃,夜间保持 12℃～15℃,以促进根系发育,防止徒长,有利于雌花分化和早坐瓜。坐瓜后,白天温度提高至 22℃～26℃,夜间 15℃～18℃,最低不低于 10℃,加大昼夜温差,有利于营养积累和瓜的膨大。温度的管理主要通过揭盖草苫和通风来控制。深冬季节,白天要充分利用阳光增温,夜间增加覆盖保温,在覆盖草苫后可再盖一层塑料薄膜。

2. 肥水管理　由于西葫芦对水分较为敏感,开花坐瓜前浇水极易引起徒长。因此在根瓜坐住前,一般不浇水、不追肥,以促根、控秧,增加雌花数,提高坐瓜率。根瓜坐住以后,开始浇水追肥,每 667 平方米追施磷酸二铵 15～20 千克,一般每 15 天浇 1 次水。每浇两次水可追肥 1 次,随水每 667 平方米冲施氮、磷、钾复合肥 10～15 千克。浇水时注意天气变化,阴天及寒流到来前不浇水,要选晴天上午浇水,浇水后在棚温上升至 28℃时,打开通风口排湿。

3. 植株调整

(1)控制徒长　需要特别注意的是:西葫芦定植后,在根瓜未坐稳前,如遇天气晴好,加上肥水充足,很容易出现徒长。一旦徒长,叶片肥大,节间拉长,互相遮荫,化瓜严重,坐果困难,将严重降低产量。如果发现徒长,可用多效唑进行控制,多效唑在冬季西葫芦上施用的浓度为 2 克药液对水 15 升,配制溶液前先往喷雾器中加水 5 升,然后再加药,混均匀后加水至 15 升,可全棚均匀用药,也可对旺长部分多用,不旺长部分少用或不用。喷药 5 天后,若叶片明显变黑,表明喷药已起作用,此时每隔 4～5 天喷一次蔬菜灵,增加坐果量,效果非常明显。需要注意的是:不管使用哪一种激素控制徒长,一般情况下只能用一次,不可连续使用。

(2)去老叶　如前期施用矮化激素,达到了使叶片变小、叶柄变粗的目的,春节以前就没有必要去老叶。如前期未施用矮化激素,叶片大,叶柄长,严重影响坐瓜时,就要适当去掉一部分老叶。

(3)吊秧 ①铁丝架设要高,要求离开棚膜30厘米。②所用吊绳必须选择抗老化的聚乙烯高密度塑料线,保证全生育期不老化。③通过吊绳可调节瓜秧的长势,当出现徒长坐瓜困难时,应将生长点向下弯曲,当瓜秧偏弱时,可将生长点夹在吊绳缝中让其直立生长。④在吊法上,吊绳的下端用一活扣固定在植株上或用死扣系在叶柄上,上端用活扣系在铁丝上并应多余一部分,以便后期落秧时随秧一起下落(图4-1)。⑤通过铁丝及吊绳的摆动,调节植株的空间,做到合理布局,充分见光,争取最高产量。

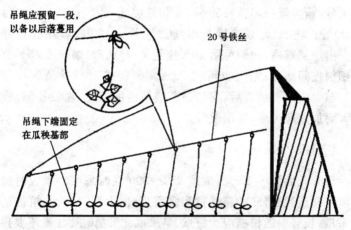

吊绳应预留一段,
以备以后落蔓用

20号铁丝

吊绳下端固定
在瓜秧基部

图4-1 日光温室西葫芦吊架引蔓方式

(4)生殖与营养 瓜秧特别旺时,可同时单株留瓜3～4条,并适当推迟采收;如瓜秧生长偏弱时,可留单瓜生长,并及时采收。遇花打顶时,应及早将顶端幼瓜去掉,以利于恢复植株长势。如植株生长过旺,影响幼瓜生长,可用矮丰灵或多效唑2克对15升水喷生长点。

4. 人工授粉 冬天气温低,日光温室同外界隔绝,传粉昆虫少,西葫芦无单性结实习性,常因授粉不良而造成落花或化瓜。因此,必须进行人工授粉或用防落素等激素处理才能保证坐瓜。方法同冬春茬栽培。为防止灰霉病发生,可在激素中加入 0.1% 的 50% 异菌脲或 50% 腐霉利。

(六)病虫害防治

秋冬茬西葫芦前期易发生病毒病,中后期易染灰霉病、白粉病、绵腐病和菌核病。病毒病发病初期可喷 20% 吗胍·乙酸铜 600 倍液或 2% 宁南霉素 250 倍液 2~3 次,如有蔓延趋势,用抗毒剂 1 号(菇类蛋白多糖)250~300 倍液喷 3~4 次;白粉病发生后,用 20% 三唑酮、50% 硫磺悬浮剂、2% 农抗 120 喷雾均有较好效果。出现灰霉病,初期可用 10% 速克灵(异菌脲)烟剂或 45% 百菌清烟剂夜间熏棚,晴天也可用 50% 腐霉利或 50% 异菌脲喷雾防治。温室内出现病害后,在加强药剂防治的同时,注意控制浇水,晴天要加大通风量,排出湿气。

(七)采 收

当开花后 10~12 天,瓜重 250~300 克时采收。采收时应注意以下几点:长势旺的植株适当多留瓜、留大瓜,徒长的植株适当晚采瓜;长势弱的植株应少留瓜、早采瓜。采摘时要注意不要损伤主蔓,瓜柄尽量留在主蔓上。

第五章　日光温室西葫芦土壤障碍控防技术

一、土壤板结

(一)表　现

日光温室土壤表层形成片块状、土壤黏重、透气性差、渗水慢，说明土壤团粒结构遭到严重破坏，这种情况多出现在种植多年或使用推土机新建造的西葫芦日光温室，这是土壤板结严重的表现。

(二)原因分析

1. 使用化肥不合理　长期单一地施用化肥，腐殖质不能得到及时地补充，会引起土壤板结，还可能龟裂。向土壤中过量施入氮肥后，微生物的氮素供应增加 1 份，相应消耗的碳素就增加 25 份，所消耗的碳素来源于土壤有机质，有机质含量低，影响微生物的活性，从而影响土壤团粒结构的形成，导致土壤板结。向土壤中过量施入磷肥时，磷肥中的磷酸根离子与土壤中钙、镁等阳离子结合形成难溶性磷酸盐，既浪费磷肥，又破坏了土壤团粒结构，致使土壤板结。向土壤中过量施入钾肥时，钾肥中的钾离子置换性特别强，能将形成土壤团粒结构的多价阳离子置换出来，而一价的钾离子不具有键桥作用，土壤团粒结构的键桥被破坏了，导致土壤板结。

2. 使用推土机筑墙体　新建日光温室时，推土机把熟土层（即耕层）推到墙体上，而留下的耕作土壤为原来的生土层，土壤中有机质含量较低，土壤多为柱状或块状结构，而团粒结构含量很少，土壤非常黏重，通气、透水性极差，不利于西葫芦根系的生长发育。土壤缓冲能力弱,已造成盐分积累,发生次生盐渍化。

3. 优质有机肥投入量少 改良土壤、培肥地力的工作差,土壤有机质含量不高,土质更新缓慢,导致土壤肥力下降,造成土壤板结。

4. 灌水不科学 大水漫灌或沟灌,破坏了灌溉行土壤团粒结构,造成土壤板结,通气、透水性能下降。

5. 栽培管理不善 西葫芦定植后,在整枝、打杈、喷药、施肥、采收等管理工作中,操作行土壤被踩压、踏实,也是造成土壤板结的重要原因之一。

(三)改良途径

1. 增施有机肥料 施用有机肥料要切实注意有机质的含量问题,因为只有高有机质含量的有机肥料,才具有培肥地力,改良土壤的效果,而含氮量高的有机肥料改良土壤效果不十分明显。例如鸡粪含氮量虽然较高,但它在土壤中分解较快,培肥地力、改良土壤的效果较差。

2. 实行秸秆还田 麦穰、麦糠、粉碎的玉米秸等都是目前较好的有机肥资源,其有机质含量高,改土效果非常明显。一般在作物定植前20～30天,每667平方米使用1000千克左右的秸秆,灌足水,盖上地膜,盖严日光温室薄膜闷棚,既具有改良土壤的良好效果,还能有效地消除日光温室土壤的次生盐渍化,而且投资少、见效快。

3. 增施微生物肥料 土壤中施入微生物肥料,微生物的分泌物能溶解土壤中的磷酸盐,将磷素释放出来,同时可将钾及微量元素阳离子释放出来,以键桥形式恢复团粒结构,消除土壤板结。

4. 施用高效土壤改良剂松土精 松土精是英国汽巴净化水处理有限公司采用国际尖端科学技术生产的高科技、高效土壤改良剂。它能有效地增加土壤团粒结构,消除土壤板结,大大增强土壤渗水、保肥、保水能力,提高土壤的通气性,促进土壤有益微生物的生长发育,提高肥料利用率,减少土传病害的发生。施用这种肥料,西葫芦根系粗大、增产效果明显,在冬春低温季节表现尤为突出。据测定,每 667 平方米施用松土精 500~1 000 克,土壤改良效果明显,可作基肥、冲施肥施用。

5. 适度深耕 科学的深耕应为 30 厘米左右,这样的深度有利于保护土壤耕作层结构不被破坏,并有利于作物根系生长。

二、土壤盐害

(一)表 现

土壤发生盐害,地表出现白色的结晶物,特别在土层干旱和日光温室休闲期易于发生。个别严重的地块出现青霉和红霉(青霉和红霉为磷、钾过剩所滋生的微生物)。

盐害对西葫芦的影响可分为 4 个阶段。

第一阶段:土壤盐分浓度在 0.3% 以下,在此阶段西葫芦基本上没有盐害表现。

第二阶段:土壤盐分浓度达到 0.3%~0.5%,此时西葫芦也没有直接表现盐害症状,但已受到间接的生理病害,根系发育受严重影响。在气温升高时,植株发生萎蔫,此时即使增加灌水量,萎蔫也不能消除,易引起其他病害,产量下降。土壤干燥时,表层出现坚硬的结皮层。

第三阶段:土壤盐分浓度升高至 0.5%~1%,这时西葫芦表现出生理病害症状,生长受到抑制,叶小并萎缩,叶色深绿,叶缘翻卷,生长点处嫩叶表现出叶缘黄化和卷缩,中部叶片边缘出现坏死斑,严重时连成片,呈现似镶金边的症状;根系发黄,不发新根。在土壤并不缺水的情况下,植株白天萎蔫,但到早晨又恢复生机,如此循环最终枯死,造成绝产。

第四阶段:土壤含盐量超过 1‰时,西葫芦幼苗多不能成活,成活的西葫芦苗生长缓慢,叶缘出现褐色枯斑,根系发黄,生长点受损、植株出现萎缩,并逐渐枯死。

(二)原因分析

1. 盲目施肥形成土壤盐害 有的菜农对各类肥料在植株生长发育中所起的作用和所产生的影响了解不够全面,主要表现在以下 3 个方面:一是偏施某一种肥料。寿光市最普遍的是基肥大多以含养分较高、但盐分也较多的鸡粪为主,这样便将较多的盐分带到土壤中,使土壤产生盐害;而是仍误认为多施肥能高产出,不考虑作物需肥量及种类,盲目和大量地施肥,致使肥料利用率降低,且造成土壤中氮、磷、钾比例失调,引起土壤盐分偏高。二是生施人、畜尿和施入带有大量副成分的化肥,造成土壤盐渍化。三是盲目增施化肥。化肥施入土壤以后,一部分被作物吸收,一般利用率在 20%左右,大部分随水流失或被土壤固定,这部分占总施肥量的 80%左右。被土壤固定的盐和地下水上行导致的返盐,造成了土壤的积盐现象。

2. 日光温室设施的特定环境容易形成盐害 日光温室是人为创造的有利于西葫芦反季节生产的小环境,一般盖膜时间较长,特别是日光温室西葫芦,1 年内揭去顶膜时间仅在 6 月至10 月,甚至常年不去顶膜,雨水冲刷时间较短,为盐分积累创造了条件。此外,日光温室内温度相对较高,土壤水分被植株吸收的数量和蒸发量较大,地下水中的盐分随水带到耕作层而积聚。

3. 土质黏重 土质黏重则保肥性强,养分流失少,特别是在日光温室内无雨水淋洗,肥料用量比露地栽培的大,长期耕作后加重了土壤盐化。尤其是连作土壤年复一年,土壤障碍有增无减。

(4)不良的耕作措施　浅耕、面施肥料、表面灌溉等栽培措施也加剧了盐分向表土集中,如果日光温室土壤的地下水位高,排水不畅,也容易引起盐分在土表积聚。

(三)改良措施

1. 地膜覆盖　日光温室西葫芦垄面覆盖地膜,除能保温、保水、保肥、驱蚜虫和降低株间湿度外,还有抑制土壤盐渍化的作用。据试验,对盖膜畦与不盖膜畦的对比测定结果,0～5厘米土层的含盐量盖膜的为不盖膜的60%。但是这种治盐方法只是暂时的治标措施,因为此法的作用仅局限在0～5厘米土层,5～25厘米土层内总盐量并没有减少,揭膜后,盐分仍会随土壤水分运动而上升。

2. 深耕灌水洗盐　日光温室西葫芦收获后,利用休闲期深耕整平,做成大畦后放大水浇灌1～2次,如果能利用地下管道排水更好。

3. 种植吸盐作物　利用休闲阶段,种植苜蓿、绿豆、大豆或玉米,为不误下茬西葫芦种植,可作为牲畜的青饲料及时拔除。

4. 增施有机肥料　每667平方米可增施牛马粪若干立方米,也可把作物秸秆铡碎撒施深翻于土壤中,每667平方米以施用1 000千克为宜。如果施用草炭或稻壳、麦壳10立方米以上,效果更好,还可配合基施优质猪肥或鸡粪10立方米以上。

5. 增酸压碱　如果土壤pH值超过7.5以上时,每667平方米土壤随水冲施醋酸溶液(食醋)10千克左右,也可随水冲施磷酸铜2～3千克。

6. 科学施用化肥和土壤结构改良剂　根据土壤养分分析及肥料试验结果,确定最适宜的施肥量和最协调的肥料养分配比。改变施肥方式,基肥深施,追肥限量。用化肥作基肥时,将化肥与有机肥混合撒入地面,然后进行深翻。追肥一般较难深施,应严格控制每次施肥量,宁可增加追肥次数,也不可一次施得过多。合理使用化肥,亦可降低土壤中的硝酸盐浓度。追肥可采用滴灌施肥技术,同时大力推广根外施肥。保护地内施用较好的肥料有腐殖酸类肥料,此类肥料能活化土壤,使土壤疏松,能够源源不断供给作物生长所需的各种营养元素,肥效期长,并含有刺激作物生长素,促进作物生长发育,提高抗逆性,作基肥、追肥施用均可。另外,可根外追施土壤磷素活化剂、EM原露等,它们均属生物制剂,能提高肥料利用率,降低肥料投入,提高西葫芦的抗重茬、抗病虫害能力,增强植物代谢功能,在一定程度上可缓解连作障害,减轻土壤酸化和盐渍化。

7. 合理灌溉　日光温室西葫芦应尽量采用沟灌或滴灌,防止大水漫灌。沟灌能够保持土壤表层干爽,使耕层水气协调。滴灌更能保持耕作层土壤湿润,维护土壤团粒结构,减弱水分向上运动。而大水漫灌会破坏土壤良好结构,使土壤理化性质变劣,导致西葫芦作物根系因呼吸作用受阻而生长缓慢。采用滴灌或微喷灌技术,改变传统灌溉技术,保护地不宜小水勤灌,应浇足灌透,将表土聚集的盐分下淋和降低土壤溶液浓度。可采用节水灌溉措施,如滴灌、微喷灌降低温室内湿度,减轻西葫芦病害发生,有效地防止土壤板结,并以水调肥,较好地防止土壤盐害加剧和酸化。

8. 加深土壤耕作层　由于日光温室等保护地土壤的盐类积聚在土壤表层,所以在蔬菜收获后要深翻地,把富含盐分的表土翻到下层,把含盐相对较少的下层土壤翻到上面,这样可大大减轻盐害。

以上改良盐渍化土壤的措施,采用时要因地制宜,可根据实际情况分别实施,也可综合运用。

三、土壤酸化

(一)表　现

土壤酸化主要表现在以下 4 个方面：①滋生病菌，根际病害加重，且控制困难，尤其是西葫芦细菌性枯萎病、根腐病增多。②土壤结构被破坏，土壤板结，物理性变差，蔬菜抗逆能力下降，抵御旱涝自然灾害的能力减弱。③在酸性条件下，铝、锰的溶解度增大，有效性提高，对西葫芦产生毒害作用。④土壤中的氢离子增多，对西葫芦吸收其他阳离子产生拮抗作用。

(二)原因分析

土壤酸化的原因主要有以下 4 点：①日光温室西葫芦的高产量，从土壤中带走了过多的碱基元素，如钙、镁、钾等，导致土壤中的钾和中微量元素消耗过度，使土壤向酸化方向发展。②大量生理酸性肥料如硝酸铵、硫酸铵的施用，日光温室温、湿度高，雨水淋溶作用少，随着栽培年限的增加，耕层土壤酸根积累严重，导致土壤酸化。③由于日光温室复种指数高，肥料用量大，导致土壤有机质含量下降，缓冲能力降低，土壤酸化问题加重。④高浓度氮、磷、钾复合肥的投入比例过大，而钙、镁等中微量元素投入相对不足，造成土壤养分失调，使土壤胶粒中的钙、镁等碱基元素很容易被氢离子置换。

(三)改良措施

1. 增施有机肥　增施有机肥，不仅可增加日光温室土壤中的有机质含量，提高土壤对酸化的缓冲能力，使土壤 pH 值升高，而且日光温室中有机物料分解利用率高，增加了土壤有效养分，改善了土壤结构,并能促进土壤有益微生物的发展,抑制西葫芦病害的发生。

2. 平衡施用化肥 根据土壤养分含量状况、西葫芦产量水平及需肥规律,合理施用氮、磷、钾及微量元素肥料,既可协调土壤养分平衡,又可减缓土壤盐渍化和酸性化。减少硫酸铵、氯化铵、氯化钾等生理酸性肥料的施用。

3. 施入生石灰改良土壤 生石灰可中和土壤酸性,提高土壤pH值,直接改变土壤的酸化状况,并且能为西葫芦补充大量的钙。

施用方法:将生石灰粉碎,使之大部分通过100目筛,于整地前将生石灰和有机肥分别撒施,然后通过耕耙,使生石灰和有机肥与土壤尽可能混匀。

施用量:土壤pH值为5～5.4的,施生石灰130千克(667平方米用量,以调节15厘米酸性耕层土壤计,下同);pH值为5.5～5.9的,施生石灰65千克;pH值为6～6.4的,施生石灰30千克。

四、土壤养分元素失调

(一)表 现

土壤营养元素比例失调,肥料利用率偏低,整体肥力水平低。

(二)原因分析

1. 施肥量大,结构不合理 多数菜农受"施肥越多产量越高"的观念影响,为了获取较高产量和经济利益,化肥投入过大,造成部分日光温室特别是高龄日光温室土壤氮、磷、钾有一定的盈余积累。氮、磷、钾施用比例不协调,由于受习惯及传统的影响,有的菜农偏施尿素、碳铵等氮肥,有的菜农偏施磷酸二铵等含磷量极高的复合肥,造成磷含量偏高,钾及其他元素相对不足,成为影响日光温室西葫芦高产的障碍因素。同时由于过量不平衡施肥,造成土壤盐积累和硝酸盐污染。硝酸盐的积累与总盐的积累有相同的趋势,土壤中硝酸盐的积累会导致西葫芦中硝酸盐含量超标。硝酸盐在人体内易转变成致癌物,危害人们的健康。许多菜农偏施氮、磷、钾肥而对微肥重视不够,施用少或不施,致使养分不平衡性加剧,引起西葫芦生理病害增多。

2. 忽视粗有机肥的施用 有的菜农只注重施禽粪、菜饼、人粪尿等精有机肥,由于这些速效性有机肥浓度高,分解快,能在土壤中及时转化为无机养分,在化肥用量本身较高的情况下,更加剧了肥料过量,导致酸化、盐化。而粗有机肥肥料如猪羊栏肥和稻草秸秆用量少或不用,不利于改土作用和补充营养元素。

(三)改良途径

1. 增加有机肥料施用量,加快培肥地力 有机肥料、作物秸秆是土壤有机质的主要来源,富含多种作物生长所需的营养元素。施用有机肥料、实行秸秆还田能改善土壤的理化性状,促进作物对化学肥料的吸收,提高化肥利用率,改善农产品品质。更主要的是增加了土壤有机质含量,提高了土壤保肥、供肥能力,为稳产高产奠定了基础。日光温室土壤应以施用优质有机肥料为重点。

2. 大力推广配方施肥 开展作物配方施肥,改变传统、盲目的施肥为定量、科学的施肥,充分提高肥料的利用率和作物产量,改善产品品质,提高经济、生态和社会效益。配方施肥就是按照栽培目标,科学地设计并实施最佳施肥方案,实现以最少的投入,取得最佳经济效益,其核心是根据土壤养分化验及肥料试验结果,确定最适宜的施肥量和最协调的肥料养分、种类配比。西葫芦以目标产量 12 000 千克/667 米^2 计,最佳用量为 N 56、P_2O_5 28、K_2O 68 千克/667 米^2,其比例为 1∶0.5∶1.21,折合尿素(N46%)120

千克,过磷酸钙(P_2O_5 12%)232 千克,硫酸钾(K_2O 50%)136 千克,用 1/3 基施,用 2/3 分多次追施。

3. 推广施用生物肥料 增施生物肥料,可促进西葫芦吸收利用土壤中的营养元素,有助于土壤中营养元素肥效的提高,减少化肥使用量。据化验结果,部分日光温室土壤氮、磷、钾含量较高,土壤表层盐分积累严重,作物生理缺素增多,其原因在于施肥不合理。部分菜农寄望于高肥量投入,比正常用量多几倍乃至几十倍化肥的投入,致使产生肥害和土壤障碍。正确的施肥应该是合理增施生物肥料,如根瘤菌肥、固氮菌肥、解磷菌类肥、解钾菌类肥或几种菌类的复合肥。由于这类肥料养分全,肥效平稳,对于西葫芦的高产优质,活化土壤中的氮、钾、磷及镁、铁、硅等元素,提高磷、钾及某些土壤中的微量元素的有效性及其供应水平,减轻土壤障碍因子有独特作用,也是生产绿色食品西葫芦的理想配套肥料。

五、土传病害

(一)表 现

多年种植西葫芦的日光温室,土壤中病原菌数量远高于一般大田,作物根系极易受到病原菌侵染而发病,如细菌性枯萎病、根腐病等。

(二)原因分析

日光温室复种指数高,是造成土传病害增多的原因。具体表现在以下两个方面:一是日光温室西葫芦连作较为普遍,使各种病原菌易在土壤表层大量积聚,特别在日光温室小气候环境下迅速生长繁殖,病原菌的数量急剧增多;二是冬季日光温室保温设施更为病原菌安全越冬提供了良好的条件。

(三)防治方法

1. 实行轮作 轮作是防治土传病害经济有效的措施。合理进行作物间的轮作,特别是水旱轮作(例如,6～7月份在日光温室休闲期种一茬水稻),对预防土传病害的发生可收到事半功倍的效果。

2. 选用良种 选用抗病的西葫芦品种,可大大地减轻土传病害的危害。

3. 改进栽培方法 可通过改进栽培方法来达到防病的目的。栽培防病有如下几种方法:①深沟高畦栽培,小水勤浇,避免大水漫灌。②合理密植,改善作物通风透光条件,降低地面湿度。③清洁温室,拔除病株,并在病穴内撒施石灰。④避免偏施氮肥,适当增施磷、钾肥,提高作物抗病性;在作物生长中后期结合施药,喷施叶面肥2～3次。

4. 土壤消毒 ①石灰消毒。在翻耕前每667平方米撒施石灰50～100千克再翻耕。石灰既可杀菌又可中和土壤的酸度。②大水浸泡。有条件的地方可利用作物休闲季节,将水堵起来浸泡土壤。浸泡时间越长,效果越明显。如果浸泡20天以上,可基本控制线虫危害。③高温消毒。日光温室在高温季节,将土壤翻耕后盖上地膜,再盖上棚膜,地面温度可达到50℃以上,能杀死土壤中部分病菌。④药剂消毒。防治真菌性病害可选用30%土菌消(噁霉灵)500～800倍液、30%瑞苗清(噁霉灵加甲霜灵)1 000倍液、5%井冈霉素水剂500～800倍液淋施土壤,还可用噁霉灵500～1 000倍液淋施土壤,或按每667平方米用药3～5千克拌适量的细土均匀撒施。防治细菌性病害,可选用88%水合霉素(由放线菌经发酵培养制成的抗生素类杀菌剂)1 000倍液、72%农用链霉素3 000～5 000倍液或络氨铜适量淋施土壤。采用药剂消毒土壤应在播种前进行。

5. 增施有机肥　坚持有机肥、无机肥相结合的施肥体系,增施有机肥,最好施用纤维素多(即碳氮比高)的有机肥,对增加土壤有机质,改善土壤理化性质,增加土壤团粒结构和孔隙度,丰富作物营养元素特别是微量元素,增加土壤有益微生物的数量和活性,抑制有害微生物的繁衍生长,使土壤水、肥、气、热诸肥力要素协调具有重要作用。同时,还能提高土壤的吸附能力和阳离子交换量,增强土壤持水持肥能力,从而缓解土壤次生盐渍化的发生,有利于提高作物的抗逆能力,增加作物的产量,改善品质。

六、利用石灰氮进行土壤综合改良

连作 3 年以上的日光温室,普遍发生根结线虫和死棵的问题,有的甚至产生了毁灭性的损失。因此,如何杀灭根结线虫,解决好西葫芦死棵问题,已成为生产上必须认真对待的事情。目前,防治效果良好,又能适应无公害生产要求的日光温室土壤消毒方法的首选是石灰氮(氰氨化钙)消毒法,消毒之后配合施用有机肥和生物肥,可起到事半功倍的效果。

(一)石灰氮消毒的具体实施

1. 时间选择　选在作物已收获、温室已经过清洁后进行,一般在 7～9 月份,此时期距离下茬作物种植有 2～3 个月,正是夏秋季节温度高、光照好的有利时机。

2. 撒施有机物　每 667 平方米施用稻草、麦秸或玉米秸秆(最好铡切为 4～6 厘米的小段,以利于耕翻整地)等有机物1 000～2 000 千克和石灰氮颗粒剂 80 千克均匀混合后撒施于土层表面。

3. 深翻混匀　用人工或旋耕机将撒施于土层表面的有机物和石灰氮均匀深翻入土中,深翻以 30 厘米以上为好,应尽量扩大石灰氮与土壤的接触面积。

4. 起垄做畦　垄高以 25 厘米、宽以 30 厘米为宜，整平后做成宽 1.8 米的畦（一间温室做 2 个畦），也可以按定植行距起垄。

5. 密封地面　用透明薄膜将土地表面完全覆盖封严（立柱根用土或砖块压严）。

6. 膜下灌水　从薄膜下灌水，直至畦面灌足湿透土层为止。

7. 密封日光温室　修补好日光温室薄膜破损处，将日光温室完全封闭。利用日光加温，使 20～30 厘米土层温度达到 50℃ 左右，地表温度可达 70℃ 以上，持续 15～20 天，即可有效地消灭土壤中的真菌、细菌、根结线虫等有害微生物。

8. 揭膜晾晒　消毒完成后，翻耕畦面，3 天以后方可播种定植作物（定植前可移栽少量秧苗试验）。

(二)注意事项

消毒要做到"三严、三足、一不得"。"三严"：一是石灰氮要撒严，必须全温室地面全部撒严，不留死角；二是地面封严防漏气，以提高处理效果；三是封严棚膜，尽量提高棚温和土壤温度。"三足"：一是灌水要足；二是封棚时间要足；三是揭膜晾晒时间要足，晾晒不足会影响秧苗生长。"一不得"：操作人员在作业前后 24 小时内不得饮用任何含酒精的饮料，以防止气体中毒。

石灰氮消毒后，最终完全降解为尿素、氢氧化钙等物质，不会产生任何污染，有利于无公害西葫芦的栽培。

(三)配合有机肥、生物肥的施用

采用石灰氮结合高温闷棚进行日光温室土壤消毒，在杀灭线虫的同时，既可对生存在土壤中的有害土传病菌如立枯丝核菌、疫霉菌、腐霉菌、青枯菌、枯萎菌等进行有效的杀灭，但同时也杀灭了土壤中有益的微生物（如解磷、解钾的硅酸盐菌、放线菌等）。未经腐熟的畜禽粪肥、人粪尿和作物秸秆有机物都含有有害病原菌,因此,所有有机肥应在日光温室土壤消毒前一起施用到日光温室中,与土壤同时进行消毒。消毒后,尽量不再基施未经腐熟的有机肥,以防止重新传入有害微生物,造成前功尽弃。

经石灰氮消毒后,土壤中的有益微生物菌已被杀灭,如何尽快培育有益微生物菌群,是西葫芦生长发育所必需的,为此要采取以下两项措施培育有益微生物菌:①定植前,每 667 平方米顺栽培行沟施 EM 菌肥或 CM 菌肥或酵素菌肥(施用正规厂家生产的)100~150 千克,施后小水顺沟浇灌或隔行浇水一次。②定植前,每 667 平方米随水冲施微生物菌原液 2 千克;定植后冲施微生物菌原液 2~3 次,每隔 10 天施 1 次,每次每 667 平方米施 2 千克左右。也可以两种方法结合施用。施用微生物菌肥以后,绝不能再使用杀菌剂土壤消毒或灌根,植株无病害症状时尽量少喷施化学杀菌剂。

七、利用生物反应堆技术改良土壤

秸秆生物反应堆技术又称二氧化碳缓释富氧秸秆发酵技术,是一项能够有效解决设施蔬菜土壤连作障碍、提高蔬菜产量、改善蔬菜品质的创新栽培技术。在日光温室中应用秸秆反应堆技术改变了过去"头痛医头,脚痛医脚"防害防治理念,采用中医的"正本修元"方法,对调节土壤中微生物的平衡起到了改良土壤的效果。

(一)生物反应堆技术的原理

土壤中存在着大量微生物,包括真菌、细菌、病虫害、病毒和原生生物,这些微生物的生物总量,每 667 平方米耕层土壤达到了100~1 000 千克。这些微生物绝大多数是有益的,如有机物的分解需要微生物,化肥的分解和转化需要微生物,岩石、矿物或风化土壤中各种矿质养分的分解与释放需要微生物,还有豆科作物的根瘤菌,一些原生生物的活动及分泌物等都会对西葫芦的生长起到良好的促进作用。土壤中有害的微生物只占极少数,如枯萎病病原物、根结线虫等。这些微生物在土壤中,既互相依存,又相互制约,有的还是共生或互生关系。如放线菌感染线虫后,可使线虫48小时出现死亡,土壤中放线菌若基数增加就可破坏线虫的生存环境,从而抑制线虫的发生;一些有益的霉菌产生的大量菌丝体或分泌物,可抑制有些霉菌的发生和蔓延等。正是由于土壤中各种微生物之间的互补与制约,才维持了土壤中微生物数量和比例的平衡,从而为西葫芦的根系及生长提供了良好的生态环境。

日光温室属半永久性生产设施,而由于连续种植,温室内土壤微生物平衡遭到严重破坏。秸秆反应堆技术,是将人工培育的酵素菌通过秸秆这一载体进行繁殖,然后施入土壤,相当于用"养猫"的方式控制"鼠患",从而调节温室内土壤的微生物平衡。

(二)秸秆反应堆的使用方法

1. 操作时间　在定植前10～15天建造完毕。

2. 秸秆用量　所有植物秸秆均可使用,其数量为每667平方米日光温室施用4 000～5 000千克。要用干秸秆。

3. 菌种用量　每667平方米用菌种8～10千克。

4. 基肥和追肥用量　化肥第一年减少50%,第二年减少70%,第三年减少90%;基肥不用化肥、鸡粪,可用150～200千克饼肥。

5. 反应堆做法　定植前在小行(种植行)下开沟,沟宽大于小行10厘米,一般为70～80厘米,沟深20厘米,沟长与小行长相等,起土分放两边,接着填加秸秆,铺匀踏实,厚度30厘米,沟两头各露出8厘米秸秆茬,以便于氧气进入。填完秸秆后,撒饼肥,再将每沟所需菌种均匀地撒在秸秆上,用锨轻拍一遍后,把起土回填于秸秆上,浇水湿透秸秆,3～4 天后,将处理好的疫苗撒在垄上,并与 10 厘米表土掺匀,找平垄,接着开沟栽植西葫芦苗,覆土,浇小水。第二天打孔,10 天后盖膜、打孔。

(三)注意事项

制作生物反应堆要注意以下事项:①秸秆用量要和菌种用量搭配好,每 500 千克秸秆用 1 千克菌种。②浇水时不要冲施化学农药,特别要禁止冲入杀菌剂。③浇水后 4 天要及时打孔,用 14 号的钢筋,每隔 25 厘米打一个孔,要打到秸秆底部,浇水后孔被堵死的要再打孔。苗定植 10 天缓苗后再盖地膜,盖上地膜后还要在膜上打孔。④减少浇水次数,一般常规栽培浇 2～3 次水,用该项技术只浇 1 次水即可,切忌浇水过多。浇水后可用百菌清烟雾熏蒸剂熏蒸一次。该不该浇水可用土法判断:在表层土下抓一把土,用手一攥如果不能攥成团应马上浇水,能攥成团千万不要浇水。在第一次浇水湿透秸秆的情况下,定植时千万不要再浇大水,只浇缓苗水。浇水可以浇大管理行。⑤前 2 个月不要冲施化肥,以避免降低菌种、疫苗活性,后期可适当追施少量有机肥和复合肥(每次每 667 平方米冲施浸泡 10 多天的豆饼 15 千克左右,复合肥 15 千克)。⑥要用好疫苗消除土传病害,减少病害消耗。浇水后 4～5 天,结合整地施入疫苗,整平、耙细反应堆 10 厘米土层,等待定植。

八、老龄温室换土

由于不少老龄温室根结线虫和土传病害日渐严重,采用多种方法灭杀但效果不明显。近年来,部分菜农下大力气对老龄温室实行换土,一般是把老龄温室 30 厘米以上的表层土挖出,换上肥沃且无土传病害的田园土。这是一项费时费工的劳作,因此,一定要注意以下 4 个问题，做到科学合理，以免费时费工却达不到理想的效果。

(一)换土要注意选择合适的土质

一般情况下，应选用肥沃无污染的田园土。如果老龄温室土壤是黏土，应换上沙质土壤；如果老龄温室是沙土地，应换上黏性土壤。这样一掺和，更有利于蔬菜的生长。另外，如果土壤偏酸，可用偏碱的土壤中和一下；如果土壤偏碱，就用偏酸的土壤进行改良。

(二)换土后要注意增施有机肥

对于换上的新土，即使是取自肥沃的园地，有机质含量也大都达不到 1％，因此，换土后应及时增施有机肥。第一次施用有机肥应多一些，每 667 平方米可施入鸡粪 18～20 立方米，稻壳粪 35～40 立方米。如果施用秸秆肥，则效果更好。

(三)换土后要注意土壤消毒

换土后，为避免新土带菌以及老龄温室底层土壤中的线虫侵入新土中为害，一定要进行土壤消毒。每 667 平方米温室地用棉隆 20～30 千克熏闷，彻底消毒灭菌。另外，温室墙体、竹竿和工具也应进行消毒，可用 50％的多菌灵 1 000 倍液进行全温室喷洒。

(四)换土后注意补"菌"

老龄温室换土后，及时补菌很重要，尤其是对于一些新换上的生土(表土层以下的土壤)，生物菌含量很低，应及时给予补充。可在土壤用棉隆熏闷后，配合基施有机肥施入含芽孢杆菌、放线菌的生物肥 150～200 千克，这样不仅改土效果好，还有抑制土传病害的作用。

第六章　日光温室西葫芦肥水运筹技术

一、日光温室西葫芦科学施肥技术

施肥是满足西葫芦生长发育所需营养元素的重要技术措施。主要包括基肥、追肥和叶面喷肥 3 种方式。

(一)基　肥

基肥是指西葫芦定植前结合土壤耕作施用的肥料。其作用是为了创造西葫芦生长发育所要求的良好土壤条件,为整个生育期供应养分奠定基础。基肥的效率高,肥料施得深,对培肥土壤的作用较大,也较持久。

1. 施用方法

(1)撒施　将肥料均匀地铺撒在畦面,结合整地翻入土中,并使肥料与土壤充分混匀。

撒施的优点是简单易行,将肥料均匀地撒在地面上,结合整地翻入土中,使肥料与土壤混合,撒布面广,根群扩展时随处都可以吸收到养料。撒施的缺点是肥料施用量大。

(2)沟施　在栽培畦(垄)下开沟,将肥料均匀撒入沟内,施肥集中,有利于提高肥效。沟施的优点是施下的肥料比较集中,节省肥料,有利于前期的吸收利用。沟施的缺点是很难满足西葫芦后期根系不断生长扩展的需要。

(3)穴施　先按株行距开好定植穴,在穴内施入适量的肥料,既节约肥料,又能提高肥效。穴施的优点是肥料集中,利用率高。穴施的缺点是比较费工。

2. 适宜作基肥的肥料种类

（1）有 机 肥

①农家肥料 系指含有大量生物物质、动植物残体、排泄物等物质的肥料。它们不应对环境和作物产生不良影响。农家肥在制备过程中，必须经无害化处理，以杀灭各种寄生虫卵、病原菌和杂草种子，去除有机酸和有害气体，达到卫生标准。主要农家肥料有堆肥、沤肥、厩肥、沼气肥、灰肥、绿肥、作物秸秆、饼肥等。其中堆肥、沤肥、厩肥、沼气肥、绿肥、作物秸秆适于撒施或条施。灰肥和饼肥适宜穴施。

②商品有机肥料 系指由肥料生产厂家按规范的工艺操作生产的商品有机肥。其产品必须是证件（检验登记证、生产许可证、质量标准）齐全，并经有关部门质量鉴定合格。主要包括精制有机肥、微生物肥料、腐殖酸肥料、有机液肥等。可采用撒施、条施或穴施等方法。

③其他有机肥 包括不含合成添加剂的食品、纺织工业的有机副产品、不含防腐剂的鱼渣、牛羊毛废料、骨粉、氨基酸残渣、家畜加工废料、糖厂废料等有机物料制成的有机肥料。可采用撒施、条施或穴施等方法。

有机肥施用充足，好处很多。一是培肥地力。可增加土壤有机质的含量。寿光菜农10年来重视有机肥的足量施用，土壤有机质含量从1‰提高到了1.54％，土壤肥力有很大提高。二是养分全面，可满足西葫芦整个生长过程的需肥要求。三是改善土壤结构。施足有机肥有助于形成土壤团粒结构，土壤通透性良好，缓冲性能好，适应了西葫芦耐肥水的特点，为西葫芦高产打下了基础。

有机肥在使用过程中需注意以下两点：一是要充分腐熟。使有机肥腐熟的方法很多，常用的如在日光温室休闲期鸡粪等有机肥的腐熟可以结合高温闷棚进行。在气温较低的情况下，可以使用含生物菌的腐熟剂如肥力高等，将其均匀地喷洒到有机肥上以促进其发酵腐熟。二是避免施用含碱有机肥。使用含碱性高的有机肥,易导致西葫芦黄化、卷叶等,而且导致土壤返碱严重。可在有机肥使用前,取一点浸水溶化,然后用 pH 试纸测定一下溶液的酸碱度。若含碱量较高,可将有机肥提前施入温室内,大水漫灌进行水洗,也可用硫酸中和。

(2)化学肥料

①氮肥　常用的氮肥有硫酸铵、碳酸氢铵和尿素。可采用撒施、条施或穴施等方法。硝态氮化肥施入土壤不易被土壤吸附,易灌溉淋失,故不宜大量作基肥。

②磷肥　生产上多用水溶性磷肥,主要有过磷酸钙、重过磷酸钙和磷酸铵。最好与一定比例的有机肥混合后条施或穴施。

③钾肥　常用的有硫酸钾和草木灰。最好与一定比例的有机肥混合后条施或穴施。

④微量元素肥料　种类很多,常用的有硼肥、钼肥、锌肥、锰肥、铁肥和铜肥。最好与一定比例的有机肥混合后条施或穴施。

⑤专用复混肥料　目前普遍使用的专用肥多为复混肥,一次施肥就可同时满足西葫芦对氮、磷、钾甚至中量、微量元素的需要。可采用撒施、条施或穴施等方法。

(3)生物肥料　包括根瘤菌肥、固氮菌肥、解磷菌类肥、解钾菌类肥、芽孢杆菌类肥或几种菌类的复合肥等。增施生物肥料,可促进蔬菜吸收利用土壤中的营养元素,减少化肥的使用量,同时可活化土壤中的氮、磷、钾及镁、铁、硅等元素,对蔬菜高产优质,减轻土壤障碍因子有独特作用。生物肥是一种活性菌,必须埋施于土壤之中,不得撒施在土壤表面,一般施深 7～10 厘米。由于生物菌不会对作物产生烧苗、烧种现象,所以应使生物肥和植物根系最大限度地接触,才能有效地供给植物充分营养。因此,生物肥要均匀施入根系范围内。

3. 施用量　基肥施用数量要根据土壤肥力的高低来确定。

当土壤中速效氮、磷、钾和微量元素低于西葫芦生长需肥临界值时，就要首先选择化学肥料补充土壤肥力不足。有机质低于1.2％的土壤，必须每667平方米施用3立方米以上的有机肥料，才能满足作物生长的需要。化肥具体施肥量则要根据目标产量、当地施肥水平和土壤肥力情况相应确定，一般情况下每667平方米施尿素35～40千克、过磷酸钙75～80千克、硫酸钾30～40千克。

生产上如果以商品有机肥代替鸡粪作基肥使用，一般每667平方米用量在300～1 000千克，土壤状况较差的可适当增加用量。

3年以上的日光温室可适当增施生物有机肥，一般每667平方米用量为100～300千克，5年以上的老龄日光温室应适当减少化肥用量，增加生物有机肥用量。

微量元素对西葫芦的生长发育具有大量元素（如氮、磷、钾等）无法替代的作用。一旦某种微量元素缺乏，西葫芦就会表现出相应的缺素症状，但许多微量元素从缺乏到过量之间的临界范围很窄，如果施用微肥的量过大或不均匀，往往会对西葫芦产生毒害作用。以下是常用微肥作基肥在日光温室西葫芦上的安全用量：

铁肥（硫酸亚铁）：每667平方米土壤施用量2.5～3千克，1～2年施1次。

硼肥（硼砂或硼酸）：每667平方米土壤施用量0.8～1.2千克，2～3年施1次。

锰肥（硫酸锰或氯化锰）：每667平方米土壤施用量1～2千克，2～3年施1次。

铜肥（硫酸铜）：每667平方米土壤施用量1.5～2千克，1～2年施1次。

锌肥（硫酸锌）：每667平方米土壤施用量1.25～2.5千克，1～2年施1次。

钼肥(钼酸铵):每 667 平方米土壤施用量 50～120 克,3～4
年施 1 次。

(二)追 肥

追施是指在西葫芦生长过程中加施肥料的过程。其作用主要
是为了供应西葫芦某个时期对养分的大量需要,补充基肥的不足。
追肥量一般约占西葫芦作物全生育期总施肥量的 1/3 甚至更多。
常用的追肥方法有以下 4 种:

1. 埋施 埋施就是在西葫芦株间、行间开沟挖坑,将肥料施
入后再覆盖土壤的一种追肥方式。

(1)埋施的优缺点 优点是采用这种方法肥料浪费少,最经
济;缺点是劳动量大,费工,且操作不太方便。

(2)埋施的肥料种类 硫酸铵、尿素、过磷酸钙、硫酸钾、复合
肥以及充分腐熟的有机肥和生物菌肥均可作埋施追肥。

(3)施用方法 埋肥的沟、坑要离西葫芦根、茎基部 10 厘米以
上,若离根太近则易损伤根系。施肥量冬季每 667 平方米每次施
10 千克左右,春季每 667 平方米每次施 20 千克左右。埋施后一
定要浇水,以降低埋施的肥料浓度。

2. 冲施 就是把固体的速效化肥溶于水中或将腐熟的鸡粪
混入水中并以水带肥的施肥方式。通过肥水结合,让可溶性的氮、
钾养分渗入土壤中,供作物根系所吸收。冲施是目前最常用的一
种追肥方式。

(1)冲施的优缺点 冲施的优点:一是施肥均匀,便于西葫芦
根系的吸收;二是肥料均匀分布于田间,不发生肥害;三是不开沟
不挖穴,不伤根系;四是该施肥法适宜于地膜覆盖栽培形式;五是
用法简单,省工省时,劳动量不大。其缺点是,浪费的肥料较多,容
易渗漏流失,在田间西葫芦根系达不到的深层,也会渗入部分肥料
造成浪费,肥料利用率只有 30%～40%,甚至更低。

(2)冲施的肥料种类　从肥料化学性状及内在营养成分上主要划分为 3 种：一种是有机型，如氨基酸型、腐殖酸海洋生物型等；一种是无机型，如磷酸二氢钾型、高钙高钾型等；一种是微生物型，如光合细菌型、酵素菌型等。另外，市场上还有一种将有机、无机、生物等原材料科学地加工、复配在一起而生产的新型冲施肥，属于复合型制剂。

只有水溶性的肥料方可随水施用，氮肥中常用尿素、硫铵和硝铵；钾肥有氯化钾和硫酸钾，也可用硝酸钾。磷肥种类即使是水溶性的磷一铵和磷二铵，也不宜用于冲施，其原因是磷肥的移动性差，不能随水渗入根层，磷肥的施用只能埋入土中。

(3)冲施的追肥量　每次追肥量可参照西葫芦生长需肥量来确定。追肥时(不计基肥养分的量)，一般每 667 平方米目标采收量为 100 千克，施用纯氮(N)0.55 千克、纯磷(P_2O_5)0.22 千克、纯钾(K_2O)0.41 千克，据不同追肥品种进行折算，如折合尿素 1.2 千克，过磷酸钙 1.8 千克，硫酸钾 0.8 千克，扣除基肥养分的供给量时，应根据西葫芦生长期长短和不同采收量，适当扣除基肥供养分量。

(4)注意事项

①有机肥与无机肥相结合　不少农民无论冲施，还是追施，均以化肥为主。虽然有些冲施肥含有腐殖酸，但无机肥多以硝铵、尿素等氮肥为主，短期内西葫芦长势好，但缺乏长期效应。也有些冲施肥以饼肥(麻籽饼、棉籽饼、豆饼)和磷酸二铵(或硝铵)为主，效果欠佳，其原因是饼肥发酵需一定的时间。

②大水与小水冲施相结合　一些农民无论苗期、结果期均以大水冲施肥，使得肥水过大而引起苗病、烂根和沤根。无论生物肥、有机肥，还是化肥都要看苗用肥，施用量要合适，并且肥水过后及时中耕松土。

③生物肥与化肥相结合　生物肥料含有十几种有益菌，具有

活化土壤、调节养分的功效,与无机肥(化肥)配合施用,能解除肥害,增加土壤有机质,促进根系发育。对于土传病害发生严重的日光温室,应选择使用具有防病功效的芽孢杆菌类生物肥;土壤中氮、磷、钾积累较多的老龄日光温室,应选择使用具有解磷、解钾作用的酵素菌型生物肥。

④选择适宜的肥料品种　冲施肥在使用过程中要根据种植区内的土壤供肥能力、基肥施用量以及所种植作物的需肥特点,确定适合的冲施肥品种。要详细阅读所选购冲施肥的使用说明书,掌握适合的施肥时期、施用量和施用方法,不可凭以往的施肥经验而自作主张,以免造成不必要的损失。

3. 敞穴施肥　在日光温室西葫芦生产上,施肥量过大是一个比较突出的问题。过量施肥不但增加农民的生产成本,还会造成土壤养分的积累、硝酸盐的淋溶下渗污染、产品质量的变劣和土壤的盐化等环境问题。造成过量施肥的主要原因是日光温室西葫芦追肥采用冲施的方法,肥料均匀地溶解在水内,在灌水量较大的情况下,肥料的浓度较低,供肥强度低,不利于西葫芦根系的吸收。为克服这些弊端,可采用敞穴施肥法(图6-1)。

(1)敞穴施肥基本方法　在两株西葫芦中间的垄上挖一个敞穴,穴在灌水沟内侧,向沟内侧开豁口,豁口低于沟灌水位但高于沟底,使部分灌水可流入穴内,以溶解和扩散肥料。覆盖地膜后,在穴上方将地膜撕出一个孔;在每次灌水前1~2天,将肥料施入穴内。一次制穴可供整个西葫芦生育期使用。

(2)敞穴施肥的优缺点　其优点是敞穴施肥较常规穴施肥减少了每次挖穴、覆土的工序,使集中施肥在日光温室西葫芦覆盖地膜的情况下得以实现;克服了冲施肥供肥强度低、肥料利用率低的缺点;较易操作,实现了集中施肥,提高了供肥强度。其缺点是:追肥过于集中,一次施用量过多,容易引起烧根;受穴大小的限制,不能追施腐熟鸡粪等有机肥。

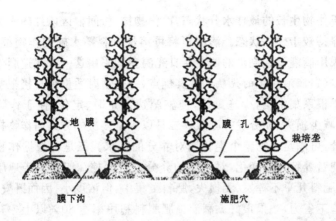

图 6-1 西葫芦敞穴施肥

（3）**敞穴施肥的种类** 除鸡粪、厩肥以外的各种肥料均适宜敞穴施肥。

（4）**敞穴施肥的操作方法** 翻耕、起垄、移栽西葫芦等农事操作按照常规。在西葫芦缓苗后,覆盖地膜前,在两株西葫芦之间的垄上挖一个敞穴,敞穴靠近灌水沟内侧,且向灌水沟侧敞开,敞穴的穴底高出灌水沟的沟底约 5 厘米。地面覆盖地膜后,在敞穴上方将地膜撕开一个孔洞,孔洞大小以方便向穴内施肥为度。在浇水前 1～2 天施入化肥,化肥用普通的复合肥,以含硝态氮和硫的复合肥为好。冬季施肥量每 667 平方米每次施 12.5 千克左右,春季每 667 平方米每次施 25 千克左右。浇水次数和浇水量可根据菜农的习惯确定。

4. 滴灌施肥 滴灌施肥是将施肥与滴灌结合起来的一种新的农业技术。滴灌是滴水灌溉的简称,它利用一整套系统设备,将灌溉水加低压（或利用地形落差自压）、过滤,通过管道输送到滴头,使灌溉水呈水滴状均匀而缓慢地滴入到作物根区附近的土壤表面或土壤内,适时、适量地向作物根区供应水分,以经常保持适宜于作物生长的最佳水分状态,而作物株、行间根区以外的土壤仍然保持较干燥的状态。滴灌可将可溶性肥料随水施到作物根区。凡采用滴灌设施浇水的西葫芦日光温室均采用这一方式追肥。

(1)滴灌施肥的优缺点 其优点,一是适时适量地直接把肥料施于根系集中层,少施勤施,使施肥达到定时、定位,便于作物吸收,减少损失,充分发挥肥效。二是以少量多次的方式向作物提供养分,可满足作物整个生长期对养分的需求。三是可根据作物生长期营养特性的变化,对供给的养分进行调控。四是由于地膜覆盖,肥料几乎不挥发、无损失,肥料虽集中,但浓度小,因而既安全,又省工省力,效果很好。滴灌施肥肥料利用率达80%以上。其缺点是选用肥料必须水溶性好。

(2)滴灌施肥对肥料的要求 ①为防止滴头堵塞,要选用溶解性好的肥料,如尿素、磷酸二氢钾等。施用复合肥时,尽量选择完全速溶性的专用肥料。确需施用不能完全溶解的肥料时,必须先将肥料在盆或桶等容器内溶解,待其沉淀后,将上部溶液倒入施肥罐进入滴灌系统,将剩余残渣施入土中。②一般将有机肥和磷肥作基肥使用。因为有的磷肥如过磷酸钙只是部分溶解,残渣易堵塞喷头。③要选择对灌溉系统腐蚀性小的肥料。如硫酸铵、硝酸铵对镀锌铁的腐蚀严重,而对不锈钢基本无腐蚀;磷酸对不锈钢有轻度的腐蚀;尿素对铝板、不锈钢、铜无腐蚀,对镀锌铁有轻度的腐蚀。④作追肥用的肥料品种必须是可溶性肥料,要求纯度较高,杂质较少,溶于水后不会产生沉淀,否则不宜作追肥。一般氮肥和钾肥选用符合国家标准或行业标准的尿素、碳酸氢铵、硫酸钾、氯化钾等。补充磷素一般采用磷酸二氢钾等可溶性肥料作追肥。追补微量元素肥料,一般不与磷素追肥同时使用,以免形成不溶性磷酸盐沉淀,堵塞滴头或喷头。

(3)膜下滴灌施肥技术的操作方法

①肥料品种的选择 利用滴灌施肥,也要按作物对养分的需

求选择合适的肥料种类。西葫芦在生长中后期既要使植株具有一定的营养生长势，又要确保果实具有较好的品质，一般选用尿素、磷酸二氢钾等提供大量元素，选择水溶性多效硅肥、硼砂、硫酸锰、硫酸锌等提供中、微量元素。其中，微量元素也可直接用营养型叶面肥，如肥力宝等。具体选用什么肥料要根据基肥和植株长势确定。

②配制肥料溶液　肥料溶液可根据施肥方法配制成高浓度和低浓度两种溶液。高浓度溶液就是将尿素、磷酸二氢钾等配制成5％～10％的水溶液，将中、微量元素配制成1％～2％的水溶液；低浓度溶液就是将尿素、磷酸二氢钾等配制成0.5％～1％的水溶液，将中、微量元素配制成0.1％～0.2％的水溶液直接施用。

③肥料用量及混用　每次每667平方米尿素的施用量为3～4千克，每次每667平方米磷酸二氢钾的施用量1～2千克，这两种肥料也可混合施用。中、微量元素一般每一种肥料在一季作物中不能超过1千克，每年都施用的田块不超过0.5千克。

④施肥方法　当用高浓度溶液进行施肥时可与灌水同时进行，即打开施肥器吸管开关，使肥液随水流进入软管，肥液的流量用开关控制；用低浓度溶液直接施肥时，将灌水阀门关闭，打开施肥器吸管的开关，把过滤器固定在肥液容器底部，接通肥液即可施肥。

⑤注意事项　配制的肥液不应含有固体沉淀物，防止滴孔堵塞。高浓度肥液流量要控制好，不宜太大，防止浓度过高伤害作物根系。施肥结束后要关闭吸管上的开关，打开阀门继续灌水数分钟，以便将管内残余肥料冲净。

(三)叶面喷肥

叶面喷肥是将配制好的肥料溶液直接喷洒在西葫芦茎叶上的一种施肥方法。

1. 西葫芦采用叶面追肥的好处　叶面追肥作为西葫芦施肥的一种常用方法,具有以下 4 个优点:①叶面追肥可使西葫芦通过叶部直接得到有效养分,而采用根部追肥时,某些养分常因易被土壤固定而降低植株对它们的利用率。②叶部养分吸收转化的速度比根部快。以尿素为例,根部追施 4～5 天才能见效,叶面喷施当天即可见效。③叶面追肥可以促进根部对养分的吸收,提高根部施肥的效果。④叶面喷施某些营养元素后,能调节酶的活性,促进叶绿素的形成,使光合作用增强,有利于改善品质,提高产量。总之,叶面追肥是一种成本低、见效快、方法简便、易于推广的施肥方法。但西葫芦吸收矿质营养主要靠根部,叶面追肥只能作为一种辅助手段,生产上仍应以根部施肥为主。采用叶面追肥时,必须在施足基肥并及时追肥的基础上进行,只有这样,才能取得理想的效果。

2. 适合作叶面追肥的肥料种类　适合作叶面追施的肥料通常称为叶肥、叶面肥或叶面营养液。根据其作用和功能等,可把叶面肥概括为以下 4 大类。

第一类:营养型叶面肥。此类叶面肥中氮、磷、钾及微量元素等养分含量较高,主要功能是为作物提供各种营养元素,改善作物的营养状况,尤其是适宜于作物生长后期各种营养的补充。

第二类:调节型叶面肥。此类叶面肥中含有调节植物生长的物质,如生长素、激素类等成分,主要功能是调控作物的生长发育等。适于植物生长前期、中期使用。

第三类:生物型叶面肥。此类肥料中含微生物体及代谢物,如氨基酸、核苷酸、核酸类物质。主要功能是刺激作物生长,促进作物代谢,减轻和防止病虫害的发生等。

第四类:复合型叶面肥。此类叶面肥种类繁多,复合混合形式多样。其功能有多种,一种叶面肥既可提供营养,又可刺激生长调控发育。

3. 根据西葫芦的需肥特点合理选用叶面肥　西葫芦叶面追肥以氮、磷、钾混合液或多元复合肥为主,如 0.2%～0.3%磷酸二氢钾溶液、0.5%尿素＋2%过磷酸钙＋0.3%硫酸钾溶液、0.05%稀土微肥溶液等,一般在生长期喷洒 2～3 次;喷施宝、叶面宝、光合微肥等在西葫芦上应用,也有良好的作用。另外,西葫芦结瓜期喷洒 1%葡萄糖或蔗糖溶液,可显著增加西葫芦的含糖量;喷洒以 0.2%尿素＋0.2%磷酸二氢钾＋1%蔗糖组成的"糖氮液",不仅能提高产量,而且能增强植株的抗病能力,减轻霜霉病等病害的发生。

4. 西葫芦叶面追肥应注意的问题

(1)喷洒浓度要合适　叶面追肥一定要控制好喷洒浓度,浓度过高很容易发生肥害,造成不必要的损失。特别是微量元素肥料,西葫芦从缺乏到过量之间的临界范围很窄,更要严格控制;浓度过低,则达不到应有的效果。

(2)喷洒时间要适宜　影响叶面追肥效果的主要因素之一是肥液在叶面上的湿润时间,湿润时间越长,叶面吸收的养分越多,效果也就越好。因此,叶面追肥一定要根据天气状况,选择适宜的喷洒时间,日光温室栽培一般在晴天上午 10 时以前喷洒最好。

(3)肥料混用要得当　叶面追肥时,将 2 种或 2 种以上的叶面肥合理混用,其增产效果会更加显著,并能节省喷洒时间和用工。但肥料混合后必须无不良反应或不降低肥效,否则达不到混用的目的。另外,肥料混合时还要注意溶液的浓度和酸碱度,一般情况下溶液的 pH 值为 6～7 时有利于叶部吸收。

(4)喷洒质量要保证　叶面追肥要求雾滴细小,喷洒均匀,尤其要注意喷洒生长旺盛的上部叶片和叶片的背面。因为新叶比老叶、叶片背面比正面吸收养分的速度快,吸收能力强。

(5)叶面施肥的间隔时间要适宜　适宜的间隔时间为 5～7 天。其中无机化肥喷肥间隔时间一般不少于 7 天,有机肥的间隔时间,一般为 5 天左右。

此外,西葫芦生长发育所需的基本营养元素主要来自于基肥和其他方式追施的肥料,根外追肥只能作为一种辅助措施。

5. 叶面肥使用不当后的处理 发生伤叶时,要用清水冲洗叶面,冲洗掉多余肥料,并增加叶片的含水量,以缓解叶片受害程度。土壤含水量不足时,要及时浇水,增加植株体内的含水量,降低茎叶中的肥液浓度。

二、日光温室西葫芦二氧化碳施肥技术

(一)二氧化碳施肥对西葫芦的影响

绿色植物在进行光合作用时,均需吸收二氧化碳、放出氧气。二氧化碳是植物光合作用的重要原料之一,在一定范围内,植物的光合产物随二氧化碳浓度的增加而提高。二氧化碳气肥在保护地蔬菜生产中的作用尤其明显,可以大大提高光合作用效率,使之产生更多的碳水化合物。在日光温室西葫芦栽培中,二氧化碳亏缺是限制西葫芦高产高效的重要因素之一。

大气中二氧化碳的含量一般为 300 毫升/米^3,这个浓度虽然能使西葫芦正常生长,但不是进行光合作用的最佳浓度。西葫芦在日光温室栽培时,密度大且以密闭管理为主,通风量小,尽管温室内西葫芦呼吸、有机肥发酵、土壤微生物活动等均能放出一部分二氧化碳,但只要西葫芦进行短时间的光合作用后,温室内的二氧化碳含量就会急剧下降。用红外线气体分析仪测试得知,4 月份日光温室内二氧化碳浓度最高值是早晨拉帘前,达 1380 毫升/米^3,等到日出拉开草苫后,随着光照强度的增加和温度的升高,光合速率加快,温室内二氧化碳的浓度迅速下降,至上午 11 时,温室内二氧化碳的浓度降至 135 毫升/米^3,由此可见温室内二氧化亏缺的程度。温室内二氧化碳浓度低于自然大气水平的持续时间一般是从上午 9 时到下午 5 时,从下午 5 时以后随着光照强度减弱和停止通风盖帘,温室内二氧化碳浓度才逐渐回升到大气水平以上。当温室内温度达到 30℃开始通风后,温室内的二氧化碳得到外界的补充,但远低于大气水平而不能满足西葫芦的正常生长发育的需要。大量测量结果表明,每日有效光合作用时,日光温室内二氧化碳一直表现为亏缺状态,严重影响了西葫芦光合作用的正常进行,制约了西葫芦产量的提高。

通过试验证明,合理施用二氧化碳气肥,可提高西葫芦光合速率,植株体内糖分积累增加,从而在一定程度上提高了西葫芦的抗病能力。增施二氧化碳,还能使叶和果实的光泽变好,提高外观品质,同时大幅度提高维生素 C 的含量,改善营养品质。可使西葫芦增产 10%～30%,效益相当可观。

(二)日光温室内施用二氧化碳的时间

日光温室西葫芦生长发育前期,植株较小,吸收二氧化碳数量相对较少,加之土壤中有机肥施用量大,分解产生二氧化碳较多,此时一般可以不施二氧化碳。若过早施二氧化碳,会导致茎叶生长过快,而影响开花坐果,不利于丰产。进入坐果期后,应加大二氧化碳施用量,开花结果期正值营养需求量最大的时期,也是二氧化碳施用的关键期。此期即使外界温度已较高,通风量加大了,每天也要进行短时间的二氧化碳施肥。一般每天中有 2 小时左右的高浓度二氧化碳时间,就能明显地促进西葫芦生长。结果后期,植株的生长量减少,应停止施用,以降低生产费用。一天内,二氧化碳的具体施用时间应根据日光温室内二氧化碳的浓度变化以及植株的光合作用特点进行安排。一般晴天日出半小时后,日光温室内的二氧化碳浓度下降就较明显,浓度低于光合作用的适宜范围,所以晴天揭帘后开始施用二氧化碳;多云或轻度阴天,可把施肥时间适当推迟半小时。

(三)二氧化碳气体施肥方法

二氧化碳气肥使用方法比较简便,目前常用的方法主要有:液态二氧化碳释放法、硫酸与碳酸氢铵反应法、碳酸氢铵加热分解法、燃烧气肥棒二氧化碳释放法、固体二氧化碳气肥直接施用法和微生物法等 6 种。

1. 液态二氧化碳释放法 钢瓶二氧化碳气的供应可根据流量表和保护地体积准确控制用量。但由于钢瓶中二氧化碳温度很低(可达 $-78℃$),在向保护地中输入前必须使其升温,否则会造成温室内温度下降,不利于甚至危害西葫芦的生长。故在使用时需通过加热器将气体加热到相对比较恒定的温度再输出。输出时,选用直径 1 厘米粗的塑料管通入保护地中,因为二氧化碳的比重大于空气,所以必须把塑料管架离地面,最好架在温室内较高的位置。每隔 2 米左右,在塑料管上扎一个小孔,把塑料管接到钢瓶出口,出口压力保持在 $1\sim1.2$ 千克/厘米^2,每天根据情况释放二氧化碳 $8\sim10$ 分钟即可。

此法虽比较容易实现自动控制,但在气温高的季节还是不利于实施。

2. 硫酸与碳酸氢铵反应法 用二氧化碳发生器进行反应,选用的原料是碳酸氢铵和硫酸,塑料管架设方法同上。其原理是碳酸氢铵和硫酸反应放出二氧化碳,供给西葫芦进行光合作用,生成的副产品硫酸铵可作追肥用。

$$2NH_4HCO_3 + H_2SO_4 = (NH_4)_2SO_4 + 2CO_2\uparrow + 2H_2O$$

3. 碳酸氢铵加热分解法 用专用容器装入碳酸氢铵,加热使其分解出二氧化碳、氨气和水。

$$NH_4HCO_3 \rightarrow CO_2\uparrow + 2H_2O + NH_3\uparrow$$

分解出的气体通过一个容器过滤,把氨气溶解到水中,只放出二氧化碳,然后通过架设的塑料管释放到保护地中供西葫芦进行光合作用。

4. 燃烧气肥棒二氧化碳释放法　直接燃烧成品的气肥棒,即可产生二氧化碳供西葫芦吸收利用,此法简便易行,安全、成本低、效果好、易推广。

5. 固体二氧化碳气肥直接施用法　通常将固体二氧化碳气肥按每平方米设 2 穴,每穴 10 克施入土壤表层,并与土壤混合均匀,保持土层疏松。施用时勿靠近西葫芦的根部,使用后不要用大水漫灌,以免影响二氧化碳气体的释放。

6. 微生物法　增施有机肥,在微生物的作用下缓慢释放二氧化碳作为补充。秸秆生物反应堆技术就是微生物法的一种应用形式。

(四)二氧化碳施肥应注意的问题

一是施用二氧化碳气肥时,温室内温度要在 15℃以上,且要在拉帘后 1 小时开始施用,通风前 1 小时结束。

二是施用适期一般在西葫芦坐住瓜后,二氧化碳相当亏缺时;并且要在晴天上午光照充足时施用,浓度可掌握在 1 500～2 200 毫升/米³,少云天气可少施或不施,阴雨雪天气不能施用。

三是用硫酸碳铵反应法时,对于反应所产生的副产品——硫酸铵在使用前,应先用 pH 试纸测酸碱度。若 pH 值小于 6,则须再加入足量的碳酸氢铵中和多余的硫酸,使其完全反应后,方可对水作追肥用。在整个反应过程中,做好气体输出的水过滤工序,减少与避免有害气体的释放。

同时,各项操作要小心,以防硫酸溅出或溢出,而且在浓硫酸稀释时,一定要把浓硫酸倒入水中,千万不能把水倒入浓硫酸中,因为水的比重比浓硫酸的比重小,把水倒入浓硫酸中时,水容易溅出伤人。碳铵易挥发,不能将大袋碳铵放入温室内,防止西葫芦遭受氨气的毒害,应分装后带入温室内使用。

四是西葫芦施用二氧化碳气肥后,光合作用增强,要相应改善水肥供应并加强各项管理措施,以便达到高产稳产的目的。

三、日光温室西葫芦浇水技术

(一)浇水原则

1. 看墒情浇水　要根据当时的墒情决定是否浇水,浇水的依据是:土壤能手握成团,落地散开应浇水,落地不散可暂时不浇水;绝不能根据天数决定是否浇水。同时浇水时不能过量,因为水的比热大,冬季浇水过量容易导致地温下降,还能使得土壤透气性差,造成西葫芦沤根、生长缓慢、产量低等现象的发生。需要浇水时,只需在小垄沟内浇小水,而且浇水后要提高棚室内的温度,避免地温下降造成根系受伤。

2. 看苗浇水　即根据西葫芦外部形态表现,来判断土壤含水分多少看该不该浇水。植株在不同的水分条件下其长势表现不同。水分充足时,生长点嫩绿;缺水时,则生长点叶片小,叶色浓绿,颜色深于下部叶片,而且易出现尖嘴瓜。瓜秧一旦发生上述现象,就应尽快浇水。

3. 按照生育阶段浇水　西葫芦按不同生育期浇水是一般的规律。日光温室西葫芦在普浇底水的基础上,每株浇 1.5~2 升的定植水,定植后 5~7 天透缓苗水。待田间有 70%~80% 的植株根瓜开始膨大生长、瓜长 6~10 厘米时再浇水。若墒情好,该时期的水可延长到根瓜采收之前再浇水。始瓜期植株矮小,叶面蒸腾量小,瓜数也少,通风量也小,一般 5~7 天浇 1 次水,浇水必须膜下轻浇;盛瓜期随着植株蒸腾量增大,结瓜数量增多,通风量增大,一般 3~4 天浇 1 次水,并增大浇水量;末瓜期植株趋于衰老,应酌情减少浇水次数和浇水量。采瓜期浇水应选在采瓜前浇水，这样使水多供果少供秧，有利于增重和提高鲜嫩程度，又可避免空秧浇水导致的疯长。

4. 根据气候特点浇水　冬季浇水一般要选择在晴天进行，浇后最好能有几个连续晴天。一天之中，冬天或早春浇水应放在上午。这不仅水温、地温差距较小，地温容易恢复，而且还有充分的时间排湿。一般不宜在下午、傍晚特别是在阴雪天浇水，否则易造成温室内湿度过大，引起病害大发生。中午也不宜浇水，以免高温浇水影响根系生态机能。夏秋季节应选在早晚浇水，这时天气炎热，日光温室可昼夜通风，以便于降温。

5. 使用先进技术浇水　就日光温室西葫芦而言，高温高湿或低温高湿，都是造成病害发生和蔓延的一个重要原因，使用传统粗放的大水漫灌方式，既容易降温又增大湿度。如果改用膜下滴灌，即用地膜覆盖，膜下铺设滴灌带，不仅地膜覆盖可以提高地温，改善近地光照，而且还可减少土壤水分蒸发，降低空气湿度，减少病害大发生。同时要注意浇水的水量，冬季定植时宜用 15℃左右的温水。平时水温则要求尽量与当地地温接近，一般使用井水灌溉最好，切忌使用河水或塘中的冰冷水。浇水要控制好浇水量，特别是冬天温室西葫芦严重缺水时，切不可浇水量过大，否则土壤易缺氧而引起根系窒息烂根，地上部叶片发黄甚至死亡。

如果水温过低，必须想办法获取温水。获取温水的方法是：①利用深层地下水。深层地下水的温度较地面水的温度高，适合冬季日光温室内浇水，可利用水泵提取深层地下水进行浇水。②在日光温室内预热水。在日光温室内建一贮水池，上用透光性能好的塑料薄膜覆盖，利用日光温室内的光照以及日光温室内多余的热量给水加温，使水升温，待池水温度升高后浇水。③太阳能预热水。在日光温室顶部安装 1～3 部太阳能热水器，将加热后温度适宜的水贮存于日光温室内的水池内，浇水时从池内提水即可。

(二)主要浇水方式

1. 明水沟灌 这是我国地面灌溉中普遍应用于中耕作物的一种较好的灌水方法。实施沟灌技术,首先要在作物行间开挖灌水沟,灌溉水由输水沟或毛渠进入灌水沟后,在流动的过程中,主要借土壤毛细管作用从沟底和沟壁向周围渗透而湿润土壤。同时,在沟底也有重力作用浸润土壤。但在日光温室中采用沟灌,一次灌水量过大,地表长时间保持湿润,不但棚温、地温降低太快,回升较慢,且蒸发量加大,水蒸气不易散发,使温室内湿度较大,易导致西葫芦病虫害发生。因此,日光温室西葫芦不宜采用明水沟灌。但日光温室西葫芦在夏秋高温季节不覆盖地膜的条件下,有时可以采用沟灌法浇明水。

2. 膜下沟暗灌 日光温室内种植西葫芦一律采取起垄栽培,在定植后接着用地膜将两垄覆盖,使两垄间成空间,灌水时控制在膜下进行,这一技术称为日光温室膜下暗灌技术。膜下暗灌时,一要注意浇水量适中;二要使小垄沟均匀受水,南北两头见水;三要及时封闭进水口,尽量避免水蒸气逸出。

膜下沟暗灌的优点是省水,易于管理。膜下暗灌技术比传统的畦灌节水 50%～60%,比明水沟灌节水 40%左右;不增加日光温室内空气湿度,可减少西葫芦发病的机会。空气湿度小还可减少温室内起雾的机会,从而不影响光照,可迅速提高棚温。还可减少土壤水分汽化损失,从而减少浇水次数。

采用膜下沟暗灌技术,要求膜下的灌水沟为水平状态,防止灌溉不均匀。

3. 膜下滴灌 膜下滴灌是覆膜种植与滴灌相结合的一种灌水技术,也是地膜栽培抗旱技术的延伸与深化。它根据西葫芦生长发育的需要,将水通过滴灌系统一滴一滴地向有限的土壤空间供给,仅在西葫芦根系范围内进行局部灌溉,也可同时根据需要将化肥和农药等随水滴入西葫芦根系。作为一种新型的节水灌溉技术，与地表灌溉、喷灌等技术相比，有着其无可比拟的优点，是目前最为节水、节能的灌水方式。

(1)膜下滴灌的供水　日光温室滴水灌溉用水多数为井水，但用提井水的泵直接向温室内滴灌供水，存在着同时供水而又多品种蔬菜不同时用水的矛盾。因此，日光温室滴灌的供水一般应选择以下几种形式。

①地下贮水池加微型水泵供水　每座日光温室，均可在附近建一个5～7立方米的地埋式蓄水池，用机井集中向池中供水，滴灌时每座温室装微型水泵加压，并在滴灌首部装过滤器等。就整体计算，投资较大，但就每座日光温室来说易建易管。

②地上贮水池重力供水　贮水池底部离地0.5米以上，不需用水泵即可进行滴灌，并且能提高池内水温。贮水池与地面之间的压力差，即池内水自身的重力，通过滴灌管直接供水。在滴灌首部装化肥罐和过滤器等。但在温室内建一个蓄水池，不仅占用温室空间，而且投资大，操作又非常麻烦。

③高塔集中供水　对于面积适中、温室集中、水源单一的地块，可选择用水塔作为供水的加压和调蓄设施，温室内不再另设加压设备。在水泵与水塔的输水管道上装过滤器等。建设水塔一次性投资较大，但运行费用低，还可起到一定的调蓄水量的作用。

(2)膜下滴灌的应用

①滴灌毛管的选用　日光温室西葫芦密植栽培，根系发育范围小，对水分和养分的供应十分敏感，要求滴头布置密度大，毛管用量多，因而毛管宜选用价格较低的滴灌带，可有效地降低滴灌造价，且运行可靠，安装使用方便。

②膜下滴灌的布置　在滴灌进棚前，应顺棚跨起垄，垄宽40厘米，高10～15厘米，做成中间低的双高垄，滴灌带放在双高垄的中间低凹处，垄上覆盖地膜。双高垄的中心距一般为1米，因而滴

灌毛管的布置间距为 1 米。滴灌毛管的每根长度一般与棚宽(或棚长)相等,对需水量大的西葫芦有时也布置两道。支管布置一般顺棚的后墙长度与棚长相等。在支管的首部安装施肥装置和二级网式过滤器等。

③滴灌西葫芦的效益 日光温室膜下滴灌一般比大水漫灌节水 70% 左右,并能大幅度降低温室内湿度,减少病虫害,提高西葫芦的品质;比大水漫灌棚温高,西葫芦可提前上市 10 天左右。日光温室膜下滴灌西葫芦可增产 10%～20%,投资回收期一般为 5～6 个月。

(3)膜下滴灌的管理

①规范操作 要想达到西葫芦滴灌的最佳效果,设计、安装、管理必须规范化操作,不能随意拆掉过滤设施和在任意位置自行打孔。

②注意过滤 日光温室膜下滴灌西葫芦,要经常清洗过滤器内的网,发现滤网破损要更换,滴灌管网发现泥沙应及时打开堵头冲洗。

③适量灌水 每次滴灌时间长短要根据缺水程度和西葫芦品种决定,一般控制在 1～4 小时。

(三)冬季西葫芦如何科学浇水

冬季温室浇水的适宜做法是:小水勤浇,浇暗水,选择晴天上午浇水。

1. 小水勤浇 每次浇水量要小,通过增加浇水次数来满足西葫芦正常的需水要求。小水勤浇的主要目的,一是保持温室较高的地温,二是保持西葫芦的正常生长需水。

2. 浇暗水 要坚持做到膜下暗灌,有条件的可实行膜下滴灌。这样可以有效地阻止地面水分蒸发,降低温室内的空气湿度,防止病害发生。

3. 浇水时间 最好选在晴天的上午进行,此时水温与地温比较接近,浇水后根系受刺激小、易适应,同时地温恢复快,有足够的时间排除温室内湿气。午后浇水,会使地温骤变,影响根系的生理机能。下午、傍晚或是雨雪天均不宜浇水。

4. 升温排湿 在浇水的当天,为尽快恢复地温要封闭温室,提高室内温度,以气温促进地温。待地温上升后,及时通风排湿,使室内的空气湿度降到适宜的范围内,以利于植株的健壮生长。

5. 提倡隔行浇水 即第一天浇 2,4,6 行……第二天浇 1,3,5 行……这样做不致使温室内地温一次性降低过大而影响生长。

(四)冬季西葫芦浇水后应注意什么问题

冬季日光温室西葫芦浇水后,往往造成日光温室内地温低、湿度大,致使西葫芦生长不良,病害多发。因此,冬季日光温室西葫芦浇水后,应加强管理,创造适宜西葫芦生长的环境,以保证西葫芦正常生长,主要应注意做到以下几点。

1. 注意提温 冬季日光温室西葫芦浇水后,应关闭通风口,把温室气温提起来,使温度比平时提高 2℃~3℃,以气温升高促地温回升,以促进西葫芦的正常生长。

2. 注意排湿 日光温室西葫芦浇水后,应做好温室内排湿工作。其中提温就是一项有效的降低温室内湿度的好办法。浇水后,关闭日光温室通风口,在日光温室提温的过程中,温室内的湿度也会相应地降低,待温室气温升高后,再逐渐打开通风口,进一步通风排湿。

3. 注意防棚膜结露 西葫芦浇水后,温室内湿气较大,棚膜很容易结露,影响日光温室的透光率。可向棚膜上喷消雾剂或豆面水,消雾效果较好。

4. 注意选用烟雾剂或粉尘剂 日光温室西葫芦浇水后温室内湿度本来就很大,此时若再喷施药液,会增加温室内的湿度。因此,西葫芦浇水后 1～2 天内,应尽量避免用药,必须用药时最好选用粉尘剂或烟雾剂。

5. 随浇水冲施肥时要注意防止气害 菜农追肥时往往配合以浇水,在菜农追施的肥料中,其中有很多含氮量过高的肥料。这些肥料在冲施后会产生氨气,在冬季日光温室密闭的情况下,极易熏坏西葫芦。因此,日光温室在冲肥后一定要注意适当通风,把有害气体排出温室外。另外,在选择冲施肥时一定要选择含氮量较低的肥料,严寒阶段可停用这类肥料,以避免气害的发生。

(五)西葫芦浇水应协调好七个关系

1. 浇水与需水 西葫芦浇水要按需要进行,不能按多少天浇一次水来安排,主要是根据土壤水分的状况来确定是否浇水。干旱时不浇水西葫芦枝叶萎蔫、干叶边,甚至受害枯干,果实会因干旱浇水不及时而表皮无光或发生畸形果。如土壤墒情好再进行浇水除非是有的西葫芦特殊的生理需要,否则极易引起沤根烂根,使西葫芦根系受害,也会严重影响生长发育。

2. 浇水与地温 浇水能明显地影响地温,尤其是越冬的温室西葫芦浇一次水会使地温明显降低。当冬季室外温度很低时,井水、河塘水温度多在 2℃～8℃,水的热容量大,升高温度需吸收大量的热。所以浇一次冷水后地温会迅速下降,短时间内难以恢复。而温室西葫芦的地温平时要比温室内气温的下限高 3℃～8℃,所以在浇一次水后,地温多由 20℃ 以上降至 10℃ 以下,很容易突破西葫芦所要求的地温最低值即下限,会对西葫芦生长结果造成很大伤害。尤其对根的伤害,有的受害严重难以恢复。这就要求冬天浇水要选晴天进行,要预先在头一天及浇水的当天把棚温提高 2℃ 左右。浇水后的第一天即可把棚温提高 3℃,以凭借较高的棚温提高地温,使下降幅度变小,并能尽快恢复。

冬季西葫芦的浇水量也应适当减少,以避免温度低的水量太大,难以在浇水后做到尽快把地温升上来。因在温度升高时水需热量最大,浇水量大地温在浇水后恢复缓慢,会使西葫芦的生理活动受到不利影响,严重阻碍西葫芦的生长发育。所以,冬季浇水减少浇水量很重要,同时要利用地膜覆盖减少浇水次数。

3. 浇水与透气　西葫芦浇水后,水分占领了土壤中的空隙,使其中的空气被排出,而西葫芦的根系是需要呼吸空气的,空气供应不足会使根系窒息,轻则根受伤,生长慢发育不良;重则根系褐变,毛细根死亡,甚至腐烂引发病害,发生死棵。尤其在一些土质较黏的菜地中,原本黏土地紧实通气性较差,一旦浇水其透气性会进一步恶化,这也是冬季温室黏土地一浇水就黄叶的原因。这种土地原本不易缺铁产生嫩叶变黄,是浇水使空气被排出,根系吸收困难受到严重伤害,对铁的吸收能力下降,而表现了阶段性缺铁,导致嫩叶变黄。如果根系受害严重,则大叶片也会变黄,这是生长素供应不足,致使叶绿素分解的缘故。而如果大叶嫩叶都变黄,则说明根系受到伤害时间已经较长,而且达到了较严重的程度。要解决这些问题,一是要改良土壤,须年年大量施用作物秸秆肥及禽畜粪肥,每年每 667 平方米地应施用 5 000 千克以上。增施有机质才能使土壤由黏重变疏松,产生团粒结构,改善土壤空气的通透状况。二是浇水量要小,要隔一行浇一行,浇水后要适当升高棚温,并划锄地面以改善土壤的透气性。

4. 浇水与追肥　随着浇水进行肥料冲施的追肥方式,较适于温室西葫芦的特点。但目前不少地方菜农冲施肥普遍存在 3 个问题:一是冲肥量偏多。有些菜农错误地认为冲肥量越大产量越高,所以每 667 平方米用量一次超过 50～100 千克肥的大有人在。过量的冲肥会引发肥害,也会使土壤盐渍化,使土壤透气性不良,还会使土壤溶液浓度过高,引发西葫芦诸多生理问题。二是冲肥未注意与基肥相配合。有些地方甚至施用肥料以冲化肥为主,这是颠倒了有机肥为主化肥为辅的原则,种菜需坚持以有机农家肥为主,纠正以冲施化肥为主的施肥方法。三是冲施肥要注意肥料的品种选择和品种搭配。如一般磷肥应随基肥深施,不宜只随水冲施;西葫芦进入结果期后,应注意氮钾肥的配合冲施,钾肥与氮肥的比例也应控制在 3∶2 左右。

5. 浇水与施药　施农药防治地下病虫害,通常以穴施或灌根等方式为宜。一般不采用随水冲药的方式,以水冲药的主要问题是用药量大。因浇一次水,每 667 平方米用水量一般要达 20～30 立方米,农药按稀释 500～1 000 倍计算,需要一次用药 10～20 千克。而用灌根、穴施等方法施药,每 667 平方米用几百克农药就足够。冲施农药一是用少了浓度太低不管用,用多了开支大,污染重。但地下施药防病虫时,不可在灌根或穴施后即浇水,这种浇水方式会稀释农药而降低防效。

6. 浇水与防病　西葫芦多喜潮湿,浇水会增加温室中的土壤空气湿度,在霜霉病、蔓枯病、灰霉病等病害发生时,要做到尽量不同时浇水,须把浇水适当推迟,注意采用膜下浇水的办法避免温室中因浇水湿度大增给防治病害带来困难。一旦病害有发展蔓延趋势时,喷药防治要安排在浇水以前,不要先浇水再喷药,在浇水过程中病原菌会随水扩散和传播,所以一旦发现根部病害,在拔除病株施药防治的同时,也须注意勿使浇水流经病穴,也可以用土堵填防止流水传播。

7. 浇水与调节　西葫芦过于旺长称为偏于营养生长,会使生殖生长开花坐果发生困难,常引发落花落果或花少果少产量低的问题;旺长还会使抗性下降,病害多。要改变旺长,必须控制浇水,尤其在一批花的开花期,为确保坐果良好就应避免在花期浇水。这就要求事先要做出安排,务必使花期土壤不过于干旱,这样才能避免出现花期过于干旱必须浇水的尴尬。对于西葫芦,控制旺长就间接地提高了坐果率。虽然现在应用植物生长调节剂点花,已较好地解决西葫芦坐果率低的问题,但控制浇水仍然是提高点花效果的有力措施。

　　充足的水是弱苗返旺的条件,在苗弱的条件下,浇水、施氮肥与适当提高棚温相配合,才能较快地把弱苗弱株调节成苗壮生长。

第七章　日光温室西葫芦栽培经验与新技术

一、巧用爱多收培育西葫芦壮苗

日光温室西葫芦生产的第一关是培育壮苗。若培育出健壮的西葫芦幼苗,在同样的肥水和管理条件下可以提高 1/3 的产量。

在进行种子消毒时,可用爱多收(2.85%硝·萘酸水剂,由细胞复活性剂复硝酚钠和广谱性植物调节剂 α-萘乙酸钠经科学配制而成的广谱植物生长调节剂,有效成分为 α-萘乙酸钠、对硝基苯酚钠、邻硝基苯酚钠、2,4-二硝基苯酚钠)3 000 倍液浸种。爱多收能有效地促进种子发芽并提高发芽率,使发芽整齐,培育出健壮幼苗。

发芽期的目标是苗全、苗齐、不徒长,应每 7 天喷施爱多收6 000 倍液 1 次,使幼苗根系发达,保证幼苗健壮生长。同时控制好日光温室内白天与夜间的温度,保持一定的温差。定植前注意炼苗。

移苗时期宜早不宜晚。移苗时应采取保护根系的措施,要浇透底水,舒展根系。移苗后应提高日光温室内温度,并喷施爱多收6 000 倍液 1～2 次,以加快缓苗速度,降低死苗率。

西葫芦幼苗缓苗后,进入迅速生长阶段。此时西葫芦幼苗应以促进花芽分化为目标,控制好温度。在此阶段要每 30 天喷施爱多收 6 000 倍液 2～3 次,以促进营养生长和花芽分化,防止幼苗徒长和老化。

在西葫芦幼苗阶段,还要防止冻害。遇有寒流时,应提前喷施爱多收 5 000 倍液 1 次,以预防冻害,并做好防寒保温工作。如遇严重冻害,迅速喷施爱多收 4 000 倍液 2～3 次,可解除或缓解冻害所带来的伤害。

二、日光温室西葫芦定植方法要科学

西葫芦定植前后管理不当,是造成西葫芦缓苗慢、花打顶的重要原因。定植方法是否合理,直接关系到西葫芦定植后的生长。目前西葫芦定植时存在很多问题,如采用平畦栽培、包施的有机肥未腐熟、定植后浇水量过大等,严重地影响了西葫芦的生长。

(一)起垄定植

冬季光照弱、地温低,是影响西葫芦缓苗、生长的主要限制因素。遇连续阴雪天气,温室内光照弱、温度长期较低。若采用平畦栽培,不利于定植后地温升高,缓苗慢。冬季西葫芦栽培,起垄更具优势,这里的起垄定植,是指起大垄,西葫芦定植在垄肩部位,沟要深一些、窄一些,以有利于增加光照面积,提高地温。

(二)轻提苗

轻提苗可以明显减少西葫芦伤口,减轻病害发生,但很多菜农尚未注意到这一点。西葫芦育苗多使用穴盘,定植取苗时需注意,不能直接捏着茎秆将苗提出,而应轻捏穴盘下部,将苗坨取出。这样,不仅可以减少在茎秆上形成的伤口,还可以保护根系、减少断根,防止病原物侵染,减少病害发生。

(三)浇小水

不少菜农都有定植后立即浇大水灌溉的习惯,这种方法适宜温度较高的夏秋季节,在冬季则是弊远大于利。浇大水严重影响了地温升高,根系再生困难;冬季水分蒸发量小,大水使得较长时间内土壤水分过多、空气减少,透气性变差,影响根系发育,甚至造成沤根。

浇小水一般是隔行浇水,总量要少,大约为普通浇水量的$1/3\sim1/2$。冬季温度低,蒸发量小,需水量小,这种浇水方法是比较适宜的。如果条件允许,定植后单株浇水,既满足了苗子缓苗所需的水分,又有利于保持较高的地温,促进缓苗。

(四)穴施生物菌肥

经过长时间的连作种植,土壤中的有害菌增多,病害易发生,影响根系的发育。定植时,西葫芦根系不可避免地要受到损伤,给土壤中的有害菌提供了很好的侵染机会。定植后的一段时间,也是病害发生最为严重的时期之一。为此,早施生物菌肥可以起到明显的防病作用。

穴施生物菌肥,可以增加土壤中有益菌数量,保护根际环境,维持土壤微生物平衡。而化学杀菌剂不仅杀灭了土壤中的有害微生物,也对有益微生物有害,虽然定植后的一段时间内病害不发生,但对根系的长期生长不一定有利。

三、科学通风,调控日光温室环境平衡

(一)通风的作用

通风的作用主要表现在以下 3 个方面:①降温。不管越冬茬,还是冬春茬西葫芦栽培,晴天中午时分温室内气温如高达40℃以上,这时植株体内多种合成分解酶、辅酶失去活性,植株代谢作用停止,光合作用停止,无干物质生成。时间过长植株局部会受到热害,时间再长会导致整株作物死亡。因此需要通风以降低温室内的温度,将其控制在最适宜作物生长的温度内,一般应控制在 20℃～28℃。②排湿。冬天温度低,温室内湿度增大,作物表面易结露。半夜至早晨揭草苫前空气相对湿度有时可达 100%。温室覆盖膜表面水珠凝结下滴以及室内产生雾气等,常使作物叶面太湿,易发生多种病害,因此应及时通风排湿。③调节温室内气体平衡。农药分解出有害气体,粪肥释放氨气、质量不好的地膜、棚膜还会释放出有害气体等,这些有害气体均会危害作物,应及时排出温室,使新鲜空气进入温室。同时通风能及时补充温室内的二氧化碳,有利于作物的光合作用。揭棚后西葫芦见光一小时,温室内二氧化碳消耗已达到补偿点以下,所以及时通风是非常重要的。

(二)通风的方式

在冬季,放风主要是靠通顶风来完成的。有经验的菜农通常采用"一天两次通风"或"一天三次通风"的方式进行,以起到排出温室内湿气和有害气体,补充温室内二氧化碳和降温的作用。

(三)通风的具体方法

不同的天气情况通风方法有差异。晴天,主要是控制温度。白天,上午温度达到 20℃时,开始通风;下午温度降到 20℃左右时,通小风,温度降为 18℃左右时,关闭通风口。傍晚到上半夜是作物养分转化和运输的主要时期,此时温度以 20℃～18℃最为适宜。下半夜植物呼吸作用加强,养分消耗较多,温度应控制在 15℃～13℃,以减少呼吸作用的营养消耗。阴天,主要是在保温的情况下控制湿度。在气温不低于 13℃的早晨通风半小时,中午较热时通风 1～2 小时,傍晚通风半小时左右,后盖帘子。雨雪天或大风降温天,可在中午 12 时左右适当通小风半小时,达到既交换了气体又使气温不陡然下降。千万注意不能只顾保温而忽视二氧化碳的补充而影响了光合作用。

四、冬季西葫芦日光温室什么时间通风好

在西葫芦日光温室中,晚上会积累较多的二氧化碳,这主要是由土壤中的有机质分解而释放出来的,也有西葫芦的呼吸作用而产生一部分。因冬天傍晚日光温室关闭,会使晚上棚中的二氧化碳积累到很高的浓度,通常有机肥充足的棚可达 1 500 毫升/米³,甚至更高,这个浓度是空气中二氧化碳的 5 倍。因此,充分利用温室中的这些二氧化碳供应光合作用的需要,会使光合产物数量大幅度提高,明显增加西葫芦产量。这就要求菜农注意不能过早地通风,以免使温室中的这些二氧化碳逸出温室外而白白浪费掉。据研究,揭开棚上的草苫后,在良好的光照条件下,温室中积累一夜的二氧化碳可供温室中西葫芦 1 小时左右的光合作用的需要,所以即使温度条件适宜通风,在揭棚后一小时之内也不要通风。过早通风会使部分二氧化碳扩散到温室外,其实是减少了光合产物的生成量,应该得到的产量没有得到。

如上所述,揭棚见光后,温室中的二氧化碳只够 1 小时所需,如果 1 小时后还不通风,温室中的二氧化碳已耗尽,则光合作用会停止。即使光照条件再好,也没有光合产物生成,白白地浪费了上午的大好时光。因此,只要温度条件适宜,在揭棚 1 小时后,就应立即通风,使温室外空气中的二氧化碳早进温室,使西葫芦的光合作用连续地进行。所以揭棚 1 小时以后不通风是完全错误的。有时,因为温室外温度较低时需维持适当的棚温,可以把通风口由小而大地分段打开。

五、冬季日光温室西葫芦如何维持适宜的地温

在西葫芦生产中,适宜的地温往往是西葫芦优质丰产的基础。

但有的菜农往往对温室内地温的调控重视不够,常造成温室蔬菜生长不良、产量降低。那么,在冬季如何调控好西葫芦日光温室的地温,为西葫芦营造一张温暖的床呢? 生产上应做好以下几点。

(一)调控好温室内的温度

温室内温度是影响地温的一个最重要的因素。关于提高温室内气温的措施大家都非常熟悉,如加厚草苫、盖浮膜、电灯泡增温、建棚中棚、采用水枕头增温法和挖防寒沟防寒等。也就是说,只有在保证温室内有较高气温的前提下,才能有较高的地温。因此,在深冬季节地温偏低的情况下,应提高温室内的温度,以气温促地温回升。

(二)合理浇水

一是要注意浇水的时间。在冬季,一般应选在晴天的上午浇水,这样浇水后土壤才有充分的提温排湿时间。二是要注意浇水量。如一次性浇水过多,水温低,水的比热大,地温不容易恢复。因此,浇水应提倡少量多次。尤其在深冬季节,在地温过低的情况下一次性浇水量过大,很容易造成西葫芦沤根。在一般情况下,浇水后的当天和第二天要把棚温提高 2℃～3℃。因此,冬季浇水一定要科学合理,有条件的地方最好使用微灌。

(三)注意盖地膜

地膜覆盖是一种增加地温的好方法,需要注意的是,地膜应适当晚盖,越冬茬西葫芦最好在立冬后盖膜,因盖膜过早不利于西葫芦根系深扎,在严冬棚温过低的情况下容易冻伤根系。

(四)行间覆草

在西葫芦栽培行内覆盖秸秆或稻壳粪,是一项保持地温稳定的措施。稻壳粪在发酵腐熟的过程中,释放的热量和二氧化碳要比作物秸秆高许多倍,很有推广价值。这一措施已被寿光菜农广泛采用。

六、西葫芦要"高温养瓜"

大家都知道,黄瓜结瓜期进行高温养瓜能提高瓜条的产量和品质。但高温养瓜的措施在西葫芦上却没人敢用。因为西葫芦喜冷凉,如果控温过高,不仅影响其正常生长,而且还极易诱发病毒病。寿光菜农通过试验认为,西葫芦结瓜期适当提高温度,对西葫芦瓜条的增产增质同样非常明显。

西葫芦进入结瓜期后,可将白天温度升至 25℃～28℃,夜间12℃～14℃,这样可明显促进瓜条的生长发育。

需要特别引起注意的是,"高温养瓜"除了要调控好温度外,还必须保持温室内较高的湿度和二氧化碳浓度。如果温室内土壤较干,湿度较小,那么在高温下植株会因水分供应不足而加速萎蔫。因此,在进行高温养瓜前,一定要保证温室内土壤较高的湿度,对于这一点,菜农们做得都很好,基本上都能做到及时浇水。另外,高温养瓜时温室内的二氧化碳必须充足,这样才能提高植株的光合效率,瓜条得到的营养才能更充分。因此,进行"高温养瓜"时,在保证温度适宜的前提下,要适度通风。在保温和通风的矛盾无法解决时,可通过补施二氧化碳气肥来解决。高温养瓜期一定要注意勤浇水,以免在高温干旱的情况下诱发病毒病。

七、对花、喷瓜和抹瓜灵活结合促坐瓜

一般情况下,菜农常采取对花＋抹瓜的方法促进西葫芦坐瓜。部分寿光菜农在此基础上,又增加了一项措施,即喷瓜。并将对

花、抹瓜和喷瓜灵活地结合起来,有效地促进了西葫芦坐瓜。对花、喷瓜和抹瓜各有各的好处,采用哪种方式要根据实际情况区别对待。

寿光菜农的经验是:西葫芦生长前期气温高,可采用喷瓜+抹瓜的方式,即发现生长点有瓜纽时,用点花药喷洒有瓜纽的生长点,之后再用抹瓜药抹一下瓜。点花药喷洒能够及时刺激生长点坐瓜,但施用不宜太频繁,避免浓度过大对生长点造成伤害。而生长后期温度低,且常有连阴天气,可采用对花+抹瓜的方式,也就是人工授粉+抹瓜。首先察看雄花是否产生了花粉,如果有成熟的花粉,就将雄花取下,去掉花瓣,对准雌花的柱头轻轻涂抹一下,使柱头授粉均匀。需要注意的是,在连阴天情况下,由于温室内湿度大,雄花花粉会出现不易脱落的情况,因此对花不可用力过度,以免对雌蕊造成伤害。对花之后再用抹瓜药抹瓜。此方法不仅可以解决恶劣天气不坐瓜和小瓜多的问题,而且在天气晴好时应用可以提高坐瓜率和坐瓜质量。

八、怎样让西葫芦多开雌花

(一)乙烯利处理

栽培西葫芦时,当瓜苗长到3~4片真叶时,用150毫克/千克乙烯利喷洒植株,每隔10~15天喷1次,共喷洒3次,可以增加雌花,减少雄花,提早成熟7~10天,产量增加20%。

应用乙烯利控制西葫芦雌雄花需注意的几个问题:①必须与栽培措施相结合。应用乙烯利处理西葫芦固然能多开雌花多结果,但在肥水条件不能满足时,其瓜个小,结瓜率低,也不能获得高产。因此,应用乙烯利后要加强肥水管理,促使植株生长良好,方能达到增产的目的。②把握好使用时期。乙烯利应用时期至关重要,其使用最适时期取决于西葫芦的发育阶段和应用目的,宜早不宜迟。乙烯利用于瓜类诱导雌花形成,必须在幼苗期喷施,西葫芦为 3～4 叶期。如过迟用药,则早期花的雌雄花已定,达不到诱导雌花的目的。③注意用药浓度和使用部位。乙烯利使用的浓度不能过高或过低,一定要按照使用说明书操作,否则不但不能增产,还会造成其他不良结果。使用部位一般为幼苗期叶面喷施,喷洒过程中不要重复喷。在西葫芦上应用乙烯利处理时,喷施过的植株雄花减少,故一定要留少量植株不喷施,以利于授粉结瓜。

(二)遮光处理

西葫芦是短日照作物,缩短光照能使雌花增多。具体做法是:在西葫芦花形成前,利用黑纸、草苫等物搭在棚架上遮阳,把每天的日照时间控制在 8～9 小时之内。

(三)增加水分和氮肥

西葫芦种在湿度为 80％的土壤中,要比种在湿度为 40％的土壤中产量高 1 倍多。在西葫芦早期发育中提供充足的氮肥,也可以增加雌花的数量。

九、如何用萘乙酸等配制西葫芦蘸花剂

(一)配　方

萘乙酸 5 克＋赤霉素 0.5 克＋瓜类膨大素 5 克＋硼砂 20 克＋葡萄糖 50 克＋水 500 毫升配制成原液。

(二)配制方法

用 20 毫升白酒将萘乙酸和赤霉素分别溶化后混合,用少量水将瓜类膨大素和硼砂分别溶解后加入,最后加入葡萄糖水,充分混溶。这种方法配制的蘸花剂原液黄亮而不沉淀,易久存。

(三)蘸花剂的使用

取配制好的原液 5 毫升＋磷酸二氢钾 10 克＋尿素 10 克＋水 500 毫升,充分混溶后用毛笔蘸花。为了防止西葫芦花和幼果受灰霉病的危害,可在蘸花液中加入 5 克的速克灵(腐霉利)或扑海因(异菌脲),配成 0.1%的速克灵或扑海因药液,一并点花。

用这种蘸花剂蘸花,西葫芦坐果率高而且生长快,在肥水条件良好、管理措施得当的条件下,8～10 天幼果就能采摘上市,单果重 150～200 克。

十、西葫芦如何控"旺"促"壮"

(一)控 温

25℃是西葫芦温度管理的上限,若超过该温度西葫芦易旺长。西葫芦结瓜前期白天生长发育适温为 18℃～22℃,夜间温度为 8℃～10℃。西葫芦开花结果期适温为 22℃～25℃,夜间温度为 12℃～14℃。若超过 25℃,西葫芦开花结瓜不良甚至化瓜,将使营养大量供应茎蔓生长而发生旺长。因此,在秋延茬或越冬茬西葫芦管理上应进行控温管理,而不是提温促棵。如加强通风,切勿将前脸通风口过早关闭。

(二)控 湿

西葫芦喜湿又耐旱,土壤湿度过大易造成植株旺长。西葫芦定植缓苗后,管理上以控水促根为主,若土壤不过于干旱,结果前就不要急于浇水。若植株缺水萎蔫,则应"溜浇小水",确保植株正常生长,切不可大水漫灌,造成植株旺长。同时,西葫芦根瓜坐住后的第一水水量也不可过大,过大易造成化瓜,进而导致植株旺长。为促使生殖生长的顺利进行,可采用"浇小水"的方式进行浇灌。

(三)有选择性地控肥

西葫芦进入结瓜期后,需要钾肥的量大,因而在冲肥时要注意高钾肥料的使用,不可过量使用高氮肥料,以免氮肥过量而造成植株旺长。

(四)通过坐瓜和采瓜调节植株长势

一般来讲,浇水是在采瓜以前进行的,这样做有两大好处:一是增加了瓜条的重量,二是不容易使植株因徒长而造成坐果难。另外,瓜秧特别旺时,可同时单株留瓜 3～4 条,并适当推迟采收(采大瓜);如果瓜秧生长偏弱时,可留单瓜生长,并及时采收。遇特殊情况出现花打顶现象时,应及早将顶端幼瓜去掉,保证正常的生长优势。

(五)防止西葫芦旺长

防止西葫芦旺长可使用激素进行调节,但不可过量使用,特别是多效唑更不宜连续多次使用。其正确的施用方法是:缓苗后5～7 天,用 15% 多效唑 1 500 倍液喷洒植株,但不要单喷生长点,以调控植株长势。西葫芦根瓜坐住后,再用 15% 多效唑 2 000 倍液喷洒植株进行控制,促花保果。

十一、怎样做到鸡粪分批分次施用

现在不少菜农在施用鸡粪等有机肥时,只注重将其作为基肥一次性集中大量地施用。这样做,容易导致开花前的西葫芦出现烧根、烧苗、气害等问题,严重影响西葫芦产量和效益的提高。生产上应改一次性施用为分次分批施用,以满足西葫芦不同生长期对养分的需求。具体做法是:每 667 平方米西葫芦一般施用 10 立方米鸡粪,且分三次施用。

第一次施肥是在西葫芦定植前 25 天。施入 5 立方米鸡粪作基肥,并结合 50 千克三元复合肥(15∶15∶15)＋150 克硼肥＋250 克硫酸锌一并施入土壤中,然后翻地整畦。这一次施肥为西葫芦前期生长供给了充足的养分,可促进根系生长,培育壮棵,为西葫芦高产打下了基础。

第二次施肥是在西葫芦定植前 15～20 天。施入 3 立方米鸡粪配合农作物秸秆利用生物反应堆技术进行发酵,这时地温高,发酵快,经 15 天左右,有机肥充分发酵腐熟后就可定植。该技术分解发酵能够产生二氧化碳和有机酸类物质并释放热量,二氧化碳可直接被西葫芦吸收,增强光合作用,增加西葫芦光合产物的积累,秸秆发酵过程中产生的热量可以提高地温 $2℃～3℃$。

第三次施肥是在西葫芦定植后开花结果期。把剩余的 2 立方米鸡粪在大行间挖沟施入进行追肥。通过沟施可引根向下,使西葫芦根系向四周伸展,能增加西葫芦中后期产量,尤其是能满足西葫芦开花结果盛期对养分的需求。避免了单一冲施鸡粪造成的烧根、气害等问题,同时追肥基本不会增加土壤盐离子浓度,不影响根系的正常呼吸。

一次性集中施入大量有机肥和化肥,会增加土壤中盐离子浓度,严重时土壤表层会泛起红碱。而肥料分批分次施用,形成了细水长流式供肥,能够不断地满足西葫芦整个生长期对养分的需求,结出的西葫芦品质好,产量高。

十二、日光温室西葫芦多施有机肥料好处多

(一)大量施用有机肥能改良土壤

有机肥,尤其是猪粪禽粪和秸秆堆肥有机质含量达 30%～50%,施用后能全面增加土壤中有机质的含量。如果能通过增施有机肥把菜地有机质含量提高到 2%以上,则土地适耕性会达到新的水平,称为"海绵田"。其缓冲能力增强,抗旱、抗涝、抗冻、抗肥、抗盐碱能力大大增强。其改良土壤的水、气、热的综合能力会在各种条件下展现出来,体现在西葫芦的优质丰产上。

(二)有机肥营养全

大量施用有机肥,如每年每 667 平方米施用 5 000 千克以上,因其中的大量元素和微量元素丰富,可直接被作物吸收利用,具有很大的数量优势。其中有机质分解经历的漫长过程,又会长期供应西葫芦所需的营养。其中产生的腐殖酸、维生素、抗生素和各种酶,增强了新陈代谢,促进西葫芦根系和地上部的生长发育,提高西葫芦对各种营养的吸收利用能力。反过来使西葫芦对氮、磷、钾三要素吸收能力的提高后,可明显提高其产量和品质。对微量元素的吸收可增强西葫芦的抗性,减少缺素症即生理病害的发生。

(三)大量施用有机肥可培植土壤中的有益菌

有益菌多靠分解有机物而发生和发展,如能配合使用一些优质的生物菌肥,则效果会更理想,可以以菌抑菌,有效地防治西葫芦根部病害,也能因此减少地下灌用农药,避免农药对土壤和地下水的污染。

(四)大量施用有机肥能避免土壤"疲劳"

从土壤营养物质应当递补的原理来看,每一年的西葫芦生产会消耗土壤中的有机质约为2 000千克。应当在生产结束后给土壤补足这些有机质,否则土壤会发生"疲劳",表现为肥力降低,理化性状变劣,如团粒结构变差、透气性恶化、保水保肥能力下降、土壤板结、盐碱升高、酸化、适耕性下降等,会严重影响西葫芦的生产水平。

(五)大量施用有机肥能增加二氧化碳生成量

大量施用有机肥后,在其缓慢的分解过程中会释放二氧化碳。日光温室西葫芦冬季生产时,这些被释放的二氧化碳会在夜间闭棚时在棚中积累。据测定,多数棚室中一夜积累的二氧化碳浓度可达1 000毫升/米^{3}以上,有些能达到1 500毫升/米^{3}以上,也就是说其积累的二氧化碳是大气中300毫升/米^{3}的3～5倍,第二天只要光照正常,这些二氧化碳积累较高的日光温室,其光合产物数量应该大为提高,粗略地看应是普遍状态下光合产物的3～5倍。光合研究表明,日光温室西葫芦第二天在光照正常时,其二氧化碳只够1小时左右的消耗,这就可以理解为这段时间里光合产量在单位时间里提高了3～5倍。这也是为什么严冬季节日光温室西葫芦往往能高产的原因,归根到底是多施了有机肥,就多产生了二氧化碳,就多形成了光合产物,就提高了西葫芦的产量。

十三、西葫芦不能一概不摘叶

西葫芦本身茎叶含水量大,尤其是叶柄较粗,若摘除后伤口很难愈合。特别在深冬季节,温室内湿度大,病原物多,摘叶后会给病原菌的侵染创造很好的机会,所以菜农们大都不给西葫芦摘叶。

但如果棚温较高,仍然不给西葫芦摘叶就有些不妥当了。

在西葫芦生长中后期后,叶片过多会相互遮荫,而且下部叶片在喷药、摘瓜等农事操作中容易被踩踏、折断而腐烂,反而更有利于病害的侵染发生。因此,西葫芦的生长中后期要适度摘叶。摘叶要做到以下 3 点:①视植株的长势摘叶。西葫芦摘叶不宜过多,以摘除下部叶片的 1/3 至 1/2 为宜,要视植株的长势和叶片情况而定。②只去叶不去柄。叶片可全部或大部摘除,但是叶柄则要保留,因叶柄粗、脆,从基部摘除叶片,茎部容易出现大的伤口,不易愈合。③摘叶要在干燥的情况下进行。摘除叶片时最好要有几个连续的晴天,这样温室内的环境较为干燥,不宜染病。此外,摘叶后要及时喷洒链霉素 4 000 倍液或春雷·王铜 600 倍液,提前预防细菌性病害的发生。

十四、调整整枝打杈时间,避免西葫芦染病害

菜农都知道,细菌性病害的发生与日光温室内湿度过大有着密切的关系。尤其在冬季,在温室通风较少、空气高温、叶片吐水的情况下,很容易发生细菌性病害。而西葫芦平时整枝、打杈造成的伤口,更容易感染细菌性病害。若在温室内湿度过大的情况下进行上述农事操作,则为细菌性病害的流行创造了条件。因此,在这种情况下应调整整枝打杈时间,避免在温室内湿度过大的环境下进行整枝打杈工作,以减少细菌性病害的发生。应注意做到以下几点:①整枝打杈要避免在上午温室内湿气较大的环境下进行。一般情况下,上午 9 时以前温室内湿度较大,西葫芦的叶片上露珠未干,若此时进行整枝打杈,极易感染细菌性病害。因此,整枝打杈最好选在下午进行,上午 9 时以前切忌进行整枝打杈活动,以免造成细菌性病害的侵染流行。②整枝打杈要避免在阴雨天气进行。阴雨天气温室内湿度长时间居高不下,最易造成细菌性病

害的流行。若在此期内整枝打杈，留下的伤口极易染病。因此，西葫芦在整枝打杈时，一定要注意选择晴好的天气，并注意避开阴雨天气。③整枝打杈要避免在浇水后 1～2 天内进行。浇水后 1～2 天内，温室内湿度较大，此时也不利于整枝打杈，最好是选在浇水 3 天后温室内环境较干燥时再进行。

另外，还要注意在整枝打杈前喷一遍防治细菌性病害的药剂，做到防患于未然。如果用 72％农用链霉素 3 000 倍液＋DT 500 倍液对叶面喷雾预防，效果较好。

十五、日光温室西葫芦根系培育技术

在日光温室西葫芦生产中，多数人把注意力放在改善光、温、气等空间条件上，而对改善土壤环境，为西葫芦创造一个有利于根系发达和保持其旺盛活力的条件不够重视。俗话说"根深才能叶茂"，培育发达且具有旺盛生命力的根群，是保证西葫芦获得高产优质的重要措施之一。但近年来，由于化肥的大量不合理使用，使得很多温室的土壤出现板结、盐碱化以及土传病害增多的现象，抑制了西葫芦根系的正常生长发育，降低了西葫芦的产量和品质。要培育日光温室西葫芦发达的根系，可以采取以下 5 项措施。

(一)深翻土壤、增施充分发酵腐熟的有机肥

对土壤进行深翻是消除土壤板结、增加活土层的基础。在深翻的同时，大量施入充分发酵腐熟的有机肥，不仅可以给西葫芦提供长效多元素的营养，同时还可以改良土壤结构，提高土壤理化性能，为西葫芦的生长提供具有良好通透性和缓冲能力的土壤条件。

(二)培育多根苗和护好幼苗根系

西葫芦的基本根系是在育苗期形成的。育苗期间，培育根系

发达的秧苗,并在育苗过程和移栽时保护好这些根群,不仅可提高成活率,缩短缓苗期,而且可为早熟高产奠定良好的基础。从护根的角度来看,因为西葫芦根系木质化程度高,发生木质化时间早,伤根后难以再生,所以采用穴盘、营养钵、塑料筒或纸袋等容器育苗是非常必要的。同时,西葫芦茎基部有生不定根的能力,尤其是幼苗,生不定根的能力强,不定根有助于吸收肥水,因此,栽培上常有"点水诱根"之说。在栽培过程中,茎基部经常形成一些根原基,采取有效措施,创造适宜诱根环境,促其根原基发育成不定根,有助于植株生长发育。育苗期间的"炼苗"、定植后的"蹲苗"都可以诱发新根的产生和深扎。

(三)采用科学配方施肥技术

不同的肥料对根系的发生与发展作用是不一样的,如钙直接影响根尖分生组织的成长,锌决定根尖的生长速度,磷能促进根系细胞的分裂、增殖和伸展。因此,在苗床、栽培地施肥时都要注意施用过磷酸钙和硫酸锌。如果在使用过磷酸钙肥料时添加一定数量的食用醋,可形成具有一定溶解度的醋酸钙,能提高西葫芦对钙的吸收利用率。

(四)注意保护好根系

根系在其生命过程中会因低温、高温、积盐、肥烧和机械损伤等而受到伤害。低地温时,根系会发生寒根和沤根;高地温会使根系过快地衰老;土壤的高溶液浓度会使根尖和根毛受到损伤和抑制,使根系的吸收能力大大降低;施肥不当或不适宜的中耕松土可能会直接使根系受到损伤。因此,在温室西葫芦的生产中,在深翻土壤、增施充分发酵腐熟的有机肥的基础上,适时播种、适期嫁接、定植、适时覆盖和揭除地膜、采用科学配方施肥技术和中耕松土等,都是保护根系的重要措施。

(五)及时促进受害根系的恢复

在温室西葫芦的栽培中,西葫芦的根系一旦受到伤害,要尽快采取措施促使其恢复,要针对发生的病害种类选用适宜的药剂进行灌根处理,同时加入生根壮苗剂促发新根。另外,在日常管理过程中可以使用生物菌肥或甲壳素等预防病害的发生。

十六、日光温室西葫芦压蔓高产栽培技术

采用压蔓高产栽培技术,可使西葫芦生长期从第一年9月份延长至翌年6月份,每667平方米产量达10 000千克以上。

(一)品种选择

无公害西葫芦生产要求选择矮生、短蔓、直立性强的高产品种,如早青一代、阿太一代、碧玉西葫芦等品种。

(二)培育壮苗

冬春西葫芦一般在9月下旬至10月中旬播种,多采用嫁接育苗,用南瓜作砧木,采用靠接法。种子播前用温水浸种,播入做好的苗床,浇足底水,上盖1.5厘米左右的营养土。幼苗子叶展露真叶时进行分苗,栽入营养钵内,加强肥水管理,培育壮苗。

(三)适时定苗

日光温室冬春西葫芦一般在11月上旬至12月初定植。定植前,每667平方米施优质腐熟肥5 000千克、磷酸二铵50千克,施肥后深翻整地。定植要选在晴天上午进行,栽植深度以埋没原土坨1～2厘米为宜。栽后及时覆盖地膜,浇足水。

（四）定植后的管理

1. 温度管理　冬春西葫芦定植后，白天气温保持在 25℃～30℃，缓苗后温度适当降低，白天为 20℃～26℃。植株坐瓜后适当提高温度，白天为 25℃～30℃，夜间为 15℃～20℃，当温度超过 30℃时要通风，温度降至 20℃以下闭棚，15℃左右时要覆盖草苫保温。入春后，天气回暖，中午应及时通风降温。为增加室内光照，可在后部悬挂反光幕。

2. 肥水管理　定植后至根瓜膨大时应控制肥水，当根瓜长至 10 厘米左右时浇水并随水每 667 平方米冲施复合肥 20～25 千克。结果期应逐渐增加浇水次数和浇水量，并间隔追施腐熟的人粪尿、鸡粪等 500 千克。根据西葫芦长势强弱，还可进行叶面追肥。冬春季节在温室内进行二氧化碳施肥，也有明显的增产效果。

3. 人工授粉　在温室中种植西葫芦需进行人工授粉，授粉需在上午 11 时以前进行，每朵雄花可授 3～4 朵雌花，为防止受精不良，需在雌花开放前两天用 20～30 毫克/千克的 2,4-D 点花。

4. 植株调整及压蔓　每株采果 3～4 个后，植株进入盛果期，常因养分供应不足、环境条件差使病害容易流行，导致早衰。此时是进行植株调整和压蔓的关键时期，可先在每一畦面上选留 1 行瓜，另一行瓜及其行上的地膜一并除去，在空出的畦面上每 667 平方米撒施磷酸二铵 25 千克后，翻地整平。在重新整好的畦面上，开 1 条深约 4～5 厘米的小沟，摘除所留瓜秧基部的病叶和老叶，喷施 58％甲霜灵锰锌 500 倍液后，将基部的茎蔓压入开好的沟内，培土填平。

5. 压蔓后的管理　茎蔓埋入土中后，植株通风透光好，病害轻，很快产生大量不定根，对肥水吸收力强，生长旺盛，每株可同时结瓜 3～4 个，在瓜重 0.3 千克左右及时采收。同时要加强肥水管理，每隔 1 个月穴施尿素 6 千克，并根外喷施叶面肥。

6. 病虫害防治　害虫主要有蚜虫和白粉虱,可用10％吡虫啉1 500倍液喷洒;病害有白粉病和病毒病,可用25％粉锈灵和20％病毒A进行喷雾防治。

十七、日光温室西葫芦套袋栽培技术

(一)袋型选择

膜袋可选用0.001～0.005毫米厚的聚乙烯转光无滴透气微膜制作的专用袋,膜口预留约10毫米宽绑扎带。纸袋选用柔韧性好、透气性强的食品包装纸或果品套袋专用纸,袋的一端为套入口,另一端有渗水孔。西葫芦袋体长20～25厘米,直径15～16厘米。一般要求冬季、早春弱光下选用膜袋,春季强光高温下选用纸袋。

(二)套袋时间

因西葫芦生产是连续坐果连续采摘,所以套袋也是连续操作的过程。西葫芦授粉后1～2天为最佳套袋期。套袋应选在早晨露水干后到傍晚前进行。

(三)套袋方法

选择果形端正、长势良好的幼果进行套袋,去除病虫果、畸形果。套纸袋时,先将袋体和通气孔撑开,手执袋口下2～3厘米处,然后将果袋套在果实上,折合袋口,于丝口上方从连接处撕开将捆扎丝沿袋口旋转一周,扎紧袋口。捆扎时应注意把幼果放在袋子的中央,使袋体保持宽松状态,以利于果实生长发育。套微膜袋时,先把袋子吹鼓,将果放入袋中央,套口紧贴果柄,左手捏住袋口的一边和果柄,右手把袋口折皱起来,用膜袋预留的绑扎带扎紧袋口。注意套袋时不要捏伤幼果或果柄。

(四)套袋期间用药

尽可能在害虫的低龄阶段和病害的发生初期进行防治,使用低毒、低残留农药和生物农药(如农用链霉素、苏云金杆菌、阿维菌素等),尤其是要减少内吸性农药的使用次数。严格农药的使用浓度、使用次数和使用方法,要特别注意农药安全间隔期。温室里由于相对密闭,气流交换缓慢,空气相对湿度多接近或处于饱和状态,施药方法及时间与防治效果的关系密切。越冬茬从 9~10 月定植至翌年 3 月前施药时以熏蒸法和喷粉法为主,3 月以后随着温度的升高,温室通风量不断加大,空气相对湿度不断降低,施药应以喷雾为主。定植后至翌年 4 月以前,一般在上午 12 时以前施药,4 月以后在下午施药效果较好。防治白粉虱、斑潜蝇时,在上午露水未干时施药效果最好。

(五)套袋前后肥水管理

栽培管理中应强调增施畜、禽粪便和堆肥等优质腐熟有机肥,可起到改善土壤结构、保持土壤水分、加速养分分解、增强植株抗性等作用。有机肥分解较慢,一般要求在播种或定植前 20 天施入土中。生产中还应大力推广配方施肥技术,根据土壤肥力、西葫芦产量及吸肥状况,配施磷、钾肥及叶面喷肥等,改善西葫芦品质、弱化套袋对果实品质的某些负面效应。控制氮肥用量,改进施用方法,注意深施,施后盖土,使之与空气隔开,减少挥发流失。基肥宜深施,追肥沟施或穴施,充分发挥肥效。

(六)果实采收

套袋西葫芦成熟后应及时采收,若时间过长,会发生坠蔓,影响生长,同时果实品质也会下降。采收时按不同的套袋采取不同的处理方法,套纸袋的果实一次性将袋除去,可在采摘前 1 天进行。塑膜袋不必除袋,果实带袋采收,可起保鲜作用,延长其货架寿命。

十八、西葫芦有机无土栽培技术

(一)设　施

1. 栽培槽　在温室内北边留 80 厘米走道,南边留 30 厘米,用砖垒成南北向栽培槽,槽内径为 48 厘米、槽高 24 厘米、槽距 72 厘米。也可以直接挖半地下式栽培槽,槽宽 48 厘米、深 12 厘米,两边再用砖垒 2 层。槽内铺一层厚 0.1 毫米的塑料薄膜,膜两边用最上层的砖压住。膜上铺 3 厘米厚的洁净河沙,沙上铺一层编织袋,袋上填栽培基质。

2. 供水设施　用自来水或水位差 1.5 米以上的蓄水池供水。外管道用金属管,温室内主管道及栽培槽内的滴灌带均用塑料管。槽内铺滴灌带 1~2 根,并在滴灌带上覆盖一层厚 0.1 毫米的窄塑料薄膜,以防止滴灌水外喷。

3. 栽培基质　有机基质的原料可用玉米秸、菇渣、锯末等,使用前基质先喷湿盖膜堆闷 10~15 天以灭菌消毒,并加入适量的沙、炉渣等无机物,1 立方米基质中再加入有机无土栽培专用肥 2 千克、消毒鸡粪 10 千克,混匀后即可填槽。每茬瓜收获后可进行基质消毒,基质一般 3~5 年更新一次。

(二)定　植

定植前先将基质翻匀整平,每个栽培槽内的基质进行大水漫灌,使基质充分吸水。水渗后每槽吊角定植 2 行,基质略高于苗茎基部。株距 45 厘米,每 667 平方米定植 2 000 株,栽后轻浇小水。

(三)管　理

1. 肥水管理　一般定植后 5～7 天浇一次水,保持根际基质湿润,使西葫芦长势中等。坐果后,在晴天上、下午各浇一次水;阴天可视具体情况少浇或不浇。追肥一般在定植后 20 天开始,此后每隔 10 天追肥 1 次,每次每株追施西葫芦专用肥 15 克,坐果后每次每株追施 25 克。将肥料均匀撒在离根 5 厘米处。温室内可根据需要追施二氧化碳气肥。

2. 温度、光照管理　定植后,白天温度保持 20℃～25℃,夜间 12℃左右;坐瓜后白天保持 25℃～28℃,夜间 12℃～15℃。西葫芦喜温、喜光,应早揭晚盖草苫。尽量让植株多见光。

3. 植株调整　根瓜采收后,用塑料绳吊蔓,并及时摘除侧芽、卷须和病残老叶,以利于通风和减少养分消耗。

4. 人工授粉与激素处理　上午 6～9 时摘取雄花,将花药轻轻地涂抹雌花柱头,1 朵雄花可供 2～3 朵雌花授粉。上午 10 时左右用 20～30 毫升/升的防落素涂抹瓜柄和柱头。

5. 采收　定植后 50 天左右根瓜即可坐住,当瓜重达 250 克左右即可采收上市。以后的西葫芦 500 克左右大小即可采收上市。

第八章　日光温室西葫芦病虫害防治技术

一、侵染性病害

(一)西葫芦霜霉病

【危害症状】　主要危害叶片。苗期发病,初呈褪绿状,最后变黄枯死。成株染病时,叶片上出现水渍状黄色小斑点,以后发展成为多角形。后期病斑边缘黄绿色,干枯时易破。高湿时,病斑背面产生灰黑色霉层,发病严重时病斑连成片,全叶黄褐色枯萎。

【传播途径及发病条件】　该病属鞭毛菌亚门假霜霉真菌侵染引起,是一种要求高湿度的病菌,病菌产生孢子囊需要83%以上的空气相对湿度,孢子囊萌芽和侵入叶片,都需有水滴或水膜。如叶面干燥,孢子囊不能萌发,2～3天后即失去萌发能力,因此叶片上的水滴或水膜是霜霉病发生的决定性因素。病菌通过气流、雨水、昆虫等传播。在15℃～20℃范围内,有利于病菌孢子的萌发侵入和孢子囊的形成。日最低温度低于10℃时,很少发病;高于25℃,病菌受抑制。温度越高,对病菌的抑制作用越大。

【防治方法】　①根据不同的种植季节,选用不同的抗病品种。②当发现中心病株后立即喷洒72.2%霜霉威水剂600～700倍液,或72%霜脲·锰锌600～800倍液,或69%安克锰锌可湿性粉剂600～800倍液,或58%雷多米尔·锰锌或58%甲霜灵锰锌500倍液,或64%噁霜灵可湿性粉剂400倍液,或40%乙磷铝可湿性粉剂200倍液,或70%代森锰锌可湿性粉剂500倍液,或25%甲霜灵1500倍液,每6～7天喷1次,连续防治2～3次。在喷洒药液的同时,用霜霉净或百菌清烟剂进行烟熏,可以提高治疗效果。

(二)西葫芦疫病

【危害症状】 幼苗发病,子叶上有水渍状暗绿色圆形斑,后中央逐渐变成红褐色,在近地面的茎基部发病,初现暗绿色水渍状病斑,后病部逐渐缢缩,生长点及嫩叶迅速萎蔫,致使幼苗青枯而死。成株期主要危害蔓茎的节部,生纺锤形或椭圆形暗绿色水渍状斑,后病部明显缢缩,潮湿时变暗褐色、腐烂,干燥时呈青白色干枯,受害部以上蔓叶枯萎,一条蔓茎上往往数处受害,叶片受害多在叶缘处形成圆形或不规则形的水渍状大斑。果实受害,多发生在花蒂部,初现暗绿色圆形或近圆形的水渍状凹陷斑,可扩及全果。病果皱缩腐烂,有腥臭味,病部表面长有白色霉状物。

【发病规律】 适宜感病环境是:连作地,前茬作物病菌残留量多的田快;氮肥施用过多、栽培过密,株行间郁闭,不通风透光;种子带菌,育苗用的营养土带菌;或有机肥没有充分腐熟或带菌;为了保温而不通风、排湿,引起湿度过大的易发病,最易感病温度为20℃左右,空气相对湿度为85%以上。

【防治方法】 ①使用的有机肥要充分腐熟,并不得混入上茬本作物残体。②在夏季休闲期,温室内灌水,地面盖上地膜,闭棚几天,利用高温灭菌。③合理密植,及时清除病蔓、病叶、病株,并带出田外烧毁,在病穴中施药或生石灰。④用葫芦或黑南瓜作砧木嫁接最好。⑤发病初期,可用72%霜脲·锰锌可湿性粉剂800倍液,或58%甲霜灵锰锌可湿性粉剂800倍液,或50%异菌脲可湿性粉剂1 000倍液,或40%乙磷铝可湿性粉剂300倍液,或72.2%霜霉威水剂1 000倍液,或75%百菌清可湿性粉剂600倍液,或25%嘧菌酯悬浮剂1 000~2 000倍液,或43%戊唑醇悬浮剂3 000~4 000倍液,或10%氰霜唑悬浮剂2 000~3 000倍液喷雾,每隔5～7天喷1次,连喷2～3次。

(三)西葫芦绵腐病

【危害症状】　主要危害果实,有时危害叶、茎等。果实发病初期,果实表面出现椭圆形、水浸状的暗绿色病斑。温室内湿度小时,病斑稍凹陷,扩展不快,仅皮下果肉变褐、腐烂,表面生白霉。气温高、湿度大时,病斑迅速扩展,整条瓜迅速变褐、软腐,继而表面密布白色霉层。软腐病菌危害叶片时,刚开始出现暗绿色、或圆或不整形水浸状病斑,湿度大时叶片软腐,似开水煮烫过的样子。

【传播途径及发病条件】　软腐病菌属真菌病害。此菌在土壤中越冬,游动孢子借雨水或浇水时传播,侵害果实。温室内湿度大、地温低时,病菌迅速增加,病情流行严重。

【防治方法】　温室内尽量不要大水漫灌,要控制好温、湿度,减少其发病条件。在发病前或发病初期或幼果期开始,喷施50%甲霜灵或甲霜铜可湿性粉剂800倍液,或58%甲霜灵锰锌可湿性粉剂600～800倍液,或72%霜脲·锰锌可湿性粉剂800～1 000倍液,或72.2%霜霉威水剂600～800倍液,或75%百菌清可湿性粉剂600倍液,或50%琥胶肥酸铜可湿性粉剂500倍液,连喷2～3次,每隔10天左右喷1次,注意轮用混用,喷匀喷足。

(四)西葫芦白粉病

【危害症状】　苗期至全生育期均可染病。主要危害叶片,有时也危害叶柄和茎。果实极少受害。白粉病初发阶段,在叶表面、背面或幼茎上产生白色近圆形小粉斑,叶片正面较多,以后逐渐向四周扩展,发展成边缘不明晰的连片白粉,严重时整个叶片白粉密布。发病到后期,白色的霉斑因菌丝老熟变成灰色,霉斑上生出许多黄褐色小粒点,并逐渐变黑,这即是病原菌的子囊壳。白粉病发生迅速,危害严重。

【**传播途径及发病条件**】 白粉病菌可在露天、日光温室的瓜类作物或病残体上越冬,成为初侵染源,其成熟的分生孢子借气流或雨水传播。由于该病繁殖速度快,很容易暴发流行。白粉病对温度要求不严格,10℃～25℃均可发生。能不能流行,取决于湿度和寄主的长势,湿度小时可萌发,湿度大时萌发率明显提高。因此,较高的湿度有利于孢子的萌发和侵入、高温干燥有利于分生孢子繁殖和病情扩展。特别是遇到高温干旱与高湿条件交替出现时,且有大量白粉菌源及感病的寄主时,流行快、发病重。

【**防治方法**】 在发病初期,喷洒 27%高脂膜乳剂 50～100 倍液,或 2%农抗 120 水剂或 2%武夷霉素水剂 200 倍液。白粉病对硫特别敏感,可选用 40%多硫胶悬剂 800 倍液,或 25%乙嘧酚水剂 800 倍液,或 10%苯醚甲环唑水分散剂 1 500～2 000 倍液,或 20%三唑酮乳油 1 500 倍液,或 12.5%腈菌唑乳油 5 000 倍液,每隔 7～10 天喷 1 次,连喷 2～3 次。也可采用百菌清烟雾剂熏烟防治。

(五)西葫芦灰霉病

【**危害症状**】 病菌一般先从开败的花开始侵染,致花瓣腐烂,并长出淡灰褐色的霉层,然后危害幼瓜、叶、蔓。危害幼瓜时,致脐部呈水渍状,逐步开始变软、萎缩、腐烂。较大的瓜受害时,组织先变黄并生灰霉,后霉层变为淡灰色,被害瓜受害部位生长停止,腐烂、脱落。如果侵染灰霉病菌的烂花掉在叶面上,叶面马上引起发病,形成 20～50 毫米的病斑,病斑边缘明显,表面着生少量灰霉。烂瓜、烂花、感病卷须掉落附着在主蔓上时,很快使茎部腐烂,严重时将蔓烂断、植株枯死。烂瓜、烂花掉落在叶梗上,同样使叶梗烂断。

【**传播途径及发病条件**】 灰霉病属真菌病害,靠气流、雨水及田间操作进行传播。灰霉病菌发育的适宜温度为 18℃～23℃,最高为 30℃～32℃,最低为 4℃,温室内 90％以上的空气相对湿度,再遇上连续阴天,气温不高,叶片结露持续时间长,通风不及时则发病重。棚温高于 31℃,病情不扩展。

【防治方法】　注意抓好生态防治,即适当控制浇水,适时通风,提高温室温度,降低湿度,及时摘除病花或病幼果,可有效地减轻发病。可于幼果期或发病初期喷施 50％腐霉利可湿性粉剂2 000 倍液,或 50％异菌脲可湿性粉剂 1 500 倍液,或 40％嘧霉胺可湿性粉剂2 000～2 500 倍液,或 70％甲基硫菌灵＋75％百菌清可湿性粉剂(1∶1)1 000～1 500 倍液 2～3 次,隔 7～10 天左右喷1 次。采用轮换交替或复合喷施,对控制病害蔓延有较好作用。

(六)西葫芦菌核病

【危害症状】　主要危害茎蔓、瓜条。茎蔓被害,初期出现水渍状浅褐色,茎蔓软腐,长出白色菌丝。病茎纵裂干枯。在茎内长有黑色菌核,瓜条被害,先生于残花部,发病时引起瓜条发病,病瓜呈水渍状腐烂,长出白色菌丝,以后菌丝上长出菌核。菌核病是由真菌侵染引起的病害,常在日光温室内越冬,随气流传播到植株上,从伤口或花器侵入体内,产生病害。

【传播途径及发病条件】　菌核病是真菌病害。真菌遗留在土中或混杂在种子中越冬越夏。温度为 15℃～26℃时有利于菌核病发生。因此,低温、湿度大、重茬地块菌核病发病重。

【防治方法】　首先在种植前对温室内土地进行配方施肥,进行深翻;播种前对种子严格消毒,定植前用多菌灵进行土壤杀菌。发病初期,可用 40％菌核净 1 000 倍液,或 50％腐霉利 1 000 倍液,或 50％异菌脲 1 000 倍液,或 65％甲霜灵 1 000 倍液,或 50％多霉灵可湿性粉剂 1 000 倍液,或 50％乙烯菌核利可湿性粉剂1 000倍液喷雾。或用腐霉利或异菌脲 50 倍液涂抹病斑,不仅防治效果好,而且对茎蔓的病斑也有治愈作用。一般每隔 1 周喷 1

次,喷药时注意喷在茎的基部、老叶、土表及瓜条上,连喷 3～4 次。

(七)西葫芦黑星病

【危害症状】 主要危害叶片、茎及果实。幼叶染病后出现水渍状污点,逐渐扩大为褐色或黑色斑,易穿孔。茎蔓受害时出现椭圆形或纵长凹陷黑斑,中部易龟裂。幼果染病时先出现暗绿色凹陷斑,发育受阻出现畸形。果实病斑多呈疮痂状,有的龟裂烂成孔洞,病部分泌出半透明胶状物,后呈琥珀色块状。湿度大时即生出黑色霉层。

【传播途径及发病条件】 该病为真菌病害。它在危害时主要从叶片、果实、茎蔓的表皮直接穿透,也能从气孔和伤口侵入。温室内空气相对湿度达 90％以上、温度在 15℃～30℃ 之间易发病。叶片结露严重是发病的重要条件。

【防治方法】 注意搞好种子、温室内土壤的消毒,减少或消灭病原。发病初期喷洒 50％多菌灵可湿性粉剂 800 倍液＋70％代森锰锌 800 倍液,每 667 平方米喷药液 60～65 升,或用 40％氟硅唑乳油 8000 倍液、2％武夷菌素水剂 150 倍液＋50％多菌灵可湿性粉剂 600 倍液喷雾。每隔 7～10 天喷 1 次,连续防治 3～4 次。

(八)西葫芦炭疽病

【危害症状】 西葫芦在生长期间随时都可能发生炭疽病。幼苗发病时,子叶边缘出现褐色半圆形或圆形病斑;茎基部受害,患部缢缩、变色,幼苗猝倒。

西葫芦茎蔓和叶柄感病后,病斑呈长圆形,稍微凹陷,初呈水浸状、淡黄色,以后变成深褐色,病部如果环绕茎蔓、叶柄一周时,上部随即枯死。

叶片受害时,最初出现水浸状小斑点,后逐渐扩大成近圆形的红褐色病斑,病斑外围有一圈黄纹。叶上病斑多时,往往互相汇合形成不规则形的大斑块,干燥时病斑中部破裂形成穿孔,叶片干枯死亡。病斑后期出现许多小黑点,在潮湿时长出粉红色黏稠物。

【发病条件】 西葫芦炭疽病病菌是以菌丝体、拟菌核随病残体在土壤中或附在种皮上越冬,潜伏在种子上的病菌可直接侵入子叶,引起苗期发病。发病适宜温度为22℃～27℃,10℃以下、30℃以上即停止发生。温度是诱发炭疽病的重要因素。在适宜温度范围内,空气湿度越大越易发病,空气相对湿度低于54%则不能发病。

【防治方法】 发病初期喷洒50%异菌脲1 000倍液,或80%炭疽福美可湿性粉剂800倍液,或70%甲基硫菌灵600～800倍液,或2%武夷菌素水剂200倍液,或菌核净600～800倍液,或40%嘧霉胺悬浮剂1 200倍液,或25%嘧菌酯800倍液,或60%吡唑醚菌酯·代森联可分散粒剂800倍液。每隔7～10天喷1次,连续喷3～4次。如遇阴天,须用5%万霉灵粉尘剂喷粉,每667平方米温室喷1 000克。或用25%灰霉清烟雾剂熏蒸,每667平方米温室用300～400克。

(九)西葫芦蔓枯病

【危害症状】 主要发生在茎蔓上,导致茎蔓枯死。但也能危害幼苗、茎部及果实。近地面的茎初染病时,仅病斑与健全组织交界处呈水浸状,病情扩展时,组织坏死或流胶,在病部出现许多黑色小粒点,严重时整株死亡。叶片染病,呈水浸状黄化坏死,严重时整叶枯死。果实染病,产生黑色凹陷斑、龟裂或导致果实腐败。

【发病规律】 病菌以分生孢子器、子囊壳随病残体或在种子上越冬。翌年,病菌可穿透表皮直接侵入幼苗,对老的组织或果实多由伤口侵入,在果实上也可由气孔侵入。适于菌丝生长和孢子萌发温限为24℃～28℃,在此温度范围内孢子萌发率高。在8℃～24℃范围内,孢子萌发率随温度升高而增加,温度为24℃时产孢量最高；低于 8℃、高于 32℃ 均不产孢。在 8℃～24℃ 范围内，随着温度升高，产孢量增加，高于 24℃，产孢量明显下降。pH 值为 6.2～8.4 病菌生长良好，其中 pH 值为 7.6 生长最佳。

【防治方法】 ①播种或移栽前，或收获后，清除田间及四周杂草，集中烧毁或沤肥；深翻地灭茬，促使病残体分解，减少病原和虫源。②选用抗病品种，选用无病、包衣的种子，如未包衣则种子须用拌种剂或浸种剂灭菌。③采用测土配方施肥技术，适当增施磷、钾肥，加强田间管理，培育壮苗，增强植株抗病力，有利于减轻病害。④种子灭菌。用 36% 甲基硫菌灵悬浮剂 400 倍液喷匀种子后，用塑料薄膜覆盖，闷种 24 小时后，晾干催芽。⑤灌根防治。在定植、根瓜坐住、根瓜采收后 15 天各灌根 1 次效果最好。可用 75% 百菌清 600 倍液，或 70% 甲基硫菌灵 800 倍液进行灌根。⑥涂抹防治。用 75% 百菌清 50 倍液，或 70% 甲基硫菌灵 50 倍液进行涂抹。⑦发病初期，用 75% 百菌清可湿性粉剂 600 倍液，或 50% 混杀硫悬浮剂 500～600 倍液，或 40% 氟硅唑乳油 9 000 倍液，或 64% 噁霜灵·锰锌可湿性粉剂 500 倍液，或 47% 春雷霉素·王铜可湿性粉剂 700 倍液，或 56% 氧化亚铜水分散微颗粒剂 600～800 倍液喷洒或灌根，每 5～7 天喷 1 次，以后视病情变化决定是否用药。如遇阴雨雪天气，每 667 平方米可用 10% 腐霉利烟剂 25 克，或 45% 百菌清烟剂 25 克熏 3～4 小时，或于傍晚喷 5% 百菌清粉尘剂或 6.5% 甲霉灵粉尘剂 1 000 克。采果前 7 天停止用药。⑧用百菌清或噁霉灵或多菌灵 1 份＋干细土 50 份充分混匀后，发病时撒施于根部。在该病蔓延地区，也可将以上药土作为播种后的覆盖土，或在移栽前撒施于幼苗根部周围，省工省药。

(十)西葫芦细菌性角斑病

【危害症状】 主要危害叶片、叶柄、果实，有时也可侵染茎。受害叶片初为近圆形、暗绿色，水渍状斑，渐变成淡褐色至黄褐色，病斑扩大受叶脉限制呈多角形;湿度大时叶背产生乳白色黏液即菌脓,后为一层白色膜;气候干燥时病斑干裂易穿孔。茎、叶柄、卷须的侵染点出现水渍状小点,湿度大时有菌脓。果实受害后腐烂,有异味,早落。

【发病规律】　病原细菌主要潜伏在种子内,或随病残体残留在土壤中越冬。通过雨水、昆虫和农事操作传播,从植株伤口或自然孔口侵入,由病斑上的菌脓再侵染。该病发育适温为 18℃～28℃,温暖、多雨、低洼及连作地等发病重。

【防治方法】　①种子处理。播前用福尔马林 150 倍液浸种1.5 小时,或 100 万单位硫酸链霉素 500 倍液浸种 2 小时,洗净后播种。②农业防治。加强栽培管理;与非瓜类作物轮作倒茬;及时清除病株,病叶。③药剂防治。用 72% 农用链霉素可溶性粉剂4 000倍液,或 77% 氢氧化铜可湿性粉剂 500 倍液,或 30% 琥胶肥酸铜 500 倍液等喷雾,每间隔 7～10 天喷 1 次,连续喷 2～3 次。

(十一)西葫芦细菌性缘枯病

该病近几年已在不少蔬菜产区流行。由于日光温室蔬菜生产是在密闭的环境下进行的,发生细菌性缘枯病比较普遍,并且往往和其他叶病混合发生。生产中常常因为防治不及时、施药不对症而导致蔬菜叶片、果实受害严重,造成减产。

【危害症状】　叶、叶梗、主蔓、卷须、果实均可受害。叶片受害时,在叶背部产生水浸状小斑点,后扩大为不规则形的淡褐色病斑,周围有晕圈。再发展时产生大型水浸状病斑,由叶缘向中间扩展,呈楔形;叶柄、茎、卷须的受害部呈水浸状、褐色。果实受害时先在果柄上形成水浸状绿褐色病斑,往后瓜条开始黄化凋萎,脱水后呈木乃伊状。空气湿度大时,病斑上流出菌脓,有难闻的臭味。

【传播途径及发病条件】　该病为细菌病害。病菌的感染途径是通过叶缘水孔和叶片直接侵入,靠气流、浇水、田间操作接触而传播。细菌性缘枯病以高湿低温为发病条件,特别是结露严重时,为细菌的萌发、侵入、蔓延和流行提供了重要的湿度条件。高湿低温持续时间越长,缘枯病的水浸状斑点出现越多,受害部位越容易溢出菌脓。

【防治方法】 ①农业防治。使用新苗床或无病床土育苗。日光温室应实行 2 年以上轮作,不能轮作的应进行土壤和空间消毒。播种前将种子用 55℃温水烫 15 分钟,或用 100 万单位硫酸链霉素 500 倍液浸种 2 小时以杀灭种子上附着的细菌。②药剂防治。可用 5% 防细菌粉尘在早晚施用。用 30% 琥胶肥酸铜 500 倍液,或农用链霉素 500 倍液,或新植霉素 200 毫克/千克喷洒,也可喷施 1∶2∶300 波尔多液或 1∶4∶600 的铜皂液,每 667 平方米用药液 70 千克左右。

(十二)西葫芦软腐病

【危害症状】 西葫芦茎基部细菌性软腐病主要危害植株的茎基部。发病初,病菌从西葫芦茎基部的表皮或伤口侵入,在离地面 3～5 厘米的茎基部形成不规则的水渍状褪绿斑,逐渐扩大后呈黄褐色,病部向内软腐。第一果穗开花期,在去雄花后的伤口处或叶柄伤口处出现水浸状淡褐色病斑,病部上下扩展,凹陷、软化、腐烂,流出白色黏稠液并有恶臭味,这是本病特征。后期随着病部扩展直至整株萎蔫死亡,死亡株组织腐烂或成麻状。

【发病规律】 该病系由细菌(胡萝卜软腐欧氏菌)侵染所致的病害。病原细菌随病残体在土壤中越冬,翌年借雨水、灌溉水及昆虫传播,由伤口侵入。病菌侵入后分泌果胶酶溶解中胶层,导致细胞分崩离析,致细胞内水分外溢,引起腐烂。阴雨天或露水未落干时整枝打杈或虫伤多,发病重。

【防治方法】 ①处理土壤。连作地定植前 15～20 天,采用石灰氮(氰氨化钙)加有机肥(牛粪、鸡粪等)——太阳能闷棚进行土壤消毒。具体方法参阅第 5 章"六、利用石灰氮进行土壤综合改良"。②定植期用药。定植时用 77％多宁（氢氧化铜）可湿性粉剂 600 倍液灌根，缓苗后灌第二次，每隔 7 天灌 1 次，连灌 2～3 次。细菌性茎基软腐病和枯萎病混发时，可向茎基部喷灌 60％吡唑醚菌酯·代森联水分散粒剂 1 500 倍液或 70％甲基硫菌灵可湿性粉剂 1 000 倍液，可兼治这两种病害。③定植后用药。除继续用上述药灌根外，还可用 3％中生菌素可湿性粉剂＋50％琥胶肥酸铜可湿性粉剂（1∶1）配成 100～150 倍稀粥状药液，涂抹水渍状病斑及病斑的四周。也可用 3％中生菌素可湿性粉剂 800 倍液＋50％噻枯唑·噁霉灵可湿性粉剂 800 倍液或 77％氢氧化铜 500 倍液或 72％农用硫酸链霉素 4 000 倍液或 56％氧化亚铜水分散微颗粒剂 800 倍液，每隔 5～7 天喷 1 次，连续喷 2～3 次。

（十三）西葫芦病毒病

【危害症状】　侵染西葫芦的病毒有 10 多种，由于病原种类不同，所致症状也有差异。主要有花叶型、皱缩型、黄化型和坏死型、复合侵染混合型等。在西葫芦上的病毒主要是花叶病毒。花叶型病毒感染植株生长发育弱，首先在植株顶端叶片产生深浅绿色相间的花叶斑驳，叶片变小卷缩、畸形，对产量有一定影响。而皱缩型叶片皱缩，呈疱斑，严重时伴随有蕨叶、小叶和鸡爪叶等畸形。叶脉坏死型和混合型，叶片上沿叶脉产生淡褐色的坏死，叶柄和瓜蔓上则产生铁锈色坏死斑驳，常使叶片焦枯，蔓扭曲，蔓节间缩短，植株矮化。果实受害变小、畸形，引起田间植株早衰死亡，甚至绝收。

【传播途径及发病条件】　西葫芦病毒病是由多种病毒单独或复合侵染而引起的，传染途径是通过汁液摩擦和蚜虫、白粉虱等昆虫传播感染，有时也可通过带毒的种子传染。病毒病在日光温室内遇到干旱、日照强、缺水、缺肥、栽植时伤根严重、管理粗放等，即能发生。

病毒病在西葫芦日光温室中深冬、早春发病轻,而秋延迟和晚春发生重,这主要是因为深冬、早春季节温室外无虫源向温室内迁飞,传染机会减少。而秋延迟和春季,日光温室外有虫源向温室内迁飞,由此引致传播蔓延。

【防治方法】 ①培育无病壮苗。选用无病种子,进行种子消毒,育苗前用 10%磷酸三钠溶液浸种 15 分钟,再用清水洗净,而后催芽。加强苗床管理,保证适温育苗,防止幼苗徒长。采取避蚜育苗,可用 30 目尼龙纱网覆盖育苗,防止蚜虫苗期传毒。及时拔除病苗,并做到适时早栽,早定植,病害轻。②加强肥水管理,增施磷、钾肥,防止高温干热;病健株分开操作,避免传染。③及时清除杂草,喷药防治蚜虫。保护地栽培,可用银灰色反光膜驱避蚜虫,防止其传毒。夏季露地栽培,可利用银灰色遮阳网,降温避蚜,驱虫防病。④发病初期,选用 1∶100 生豆浆或抗毒剂 1 号水剂(菇类蛋白多糖)500 倍液,或 20%病毒克星(苦参碱·硫磺·氧化钙)水剂 500 倍液,或 NS-83 增抗剂 100 倍液,每 5～7 天喷 1 次,连喷 3～4 次,可有效控制病情发展,减轻危害。或每 30 升水中+医用病毒唑 5 支(5 毫升/支)+5 克芸薹素(需先用 55℃～60℃温水溶解稀释)混匀后喷洒全株,并对病株灌根,每株灌 200 克药液。

【西葫芦病毒病与 2,4-D 药害症状的区别】 西葫芦病毒病与 2,4-D 药害症状相似。均表现为植株畸形,叶片皱缩,叶色不正常,叶脉失色呈明脉状,病株不能结瓜或结畸形瓜。在生产上应予以区别诊治,以防止误诊造成不必要的损失。

病毒病症状:植株矮化,节间及叶柄缩短;叶片缩小畸形,有时呈鸡爪状。叶面极不平展,多向背面卷曲,或半边正常,半边皱缩。新叶先呈浓绿、淡绿相间的斑驳,随后整个叶片变成花叶型。叶脉凸起不明显,叶片缺刻不规则,中脉两侧叶肉失去对称。病株不能结瓜或结瓜小,且表面布满颜色较深、大小不等的瘤状突起。

2,4-D 药害症状:植株茎蔓变细,节间不缩短,叶柄变长,较正常叶柄加长 30％左右,受害严重者茎节变成白色,其上着生大量不定根。叶片不平展,向正面卷曲,叶面横向变窄,叶肉缺损,严重者呈蕨叶状。新叶先呈绿色,随后渐渐加深变成浓绿色,整个叶片油亮,无花斑。叶脉明显增粗凸起,叶肉缺刻加深,并呈左右对称,中脉两侧的叶肉仍呈对称状。植株受害后,幼瓜发黄脱落,15 天内不能结瓜,20 天后,药害缓解,新叶转为正常时,才能结瓜,但瓜条变得细而长。

(十四)西葫芦银叶病

【危害症状】　被害植株生长势弱,株型偏矮,叶片下垂,生长点叶片皱缩并处于半停滞状态,茎部上端节间短缩,茎及幼叶和功能叶叶柄褪绿,初期沿叶脉发白,后期叶正面全部变白,在阳光照耀下闪闪发光,似银镜,故名银叶反应。叶背未见异常,常见有白粉虱成虫或若虫。具 3～4 片叶为敏感期。幼瓜、瓜码及花器柄部、花萼变白,半成品瓜、商品瓜也白化,或乳白色,或白绿相间,丧失商品价值。

【发生原因】　西葫芦银叶反应是由 B 型烟粉虱危害引起的。B 型烟粉虱在危害过程中,向植株体内分泌含有有害物质的唾液,使植物体内的代谢活动紊乱,内源激素含量失调,植株生长受到抑制,形态表现为褪绿、发白、致畸等症状。

【防治方法】　①综合防治。温室西葫芦防治 B 型烟粉虱要应用农业、物理、化学防治等综合措施。一是培养无虫苗,有虫苗不能进温室;二是有虫温室不栽苗,温室定植前铲除杂草,清洁温室,定植前 1～2 天熏杀,不让一头虫漏网。温室通风口、门及通风口上安装防虫网,不让粉虱飞入温室内。B 型烟粉虱对橙黄色有较强的趋性,温室内用橙黄色粘虫板可诱杀成虫,而且可用于预防预报,作为化学防治的依据。一旦发现温室内有 B 型烟粉虱危害,夜间用烟剂熏杀,可用螨虱净烟剂、蚜虱净烟剂等在傍晚点燃,闷一夜,翌日通风;早晨、傍晚,成虫多潜伏在叶片背面,迁飞能力差,可用杀虫剂喷雾防治。由于 B 型烟粉虱比温室白粉虱更易产生抗性,因此要注意化学药剂的交替使用,可用吡虫啉类、菊酯类、氨基甲酸酯类等交替使用,每种药剂连续使用不超过 2 次。②药剂防治。从若虫第一次发生高峰至银叶反应症状表现初期喷药可有效防治。药剂防治一般用 20~30 毫克/升的赤霉素+细胞分裂素 500 倍+双效活力素 5 000 倍(含有植物必需的多种微量元素、植物激素、维生素和多组分有机活性物质,具有调节作物生长和叶面营养的双重功效)混合液防治效果最佳,喷药后 7 周可恢复正常生长,2 周后进入正常结果。

(十五)根结线虫病

【危害症状】 根结线虫病近年来危害日益严重。寿光市主要是南方根结线虫,已经上升为温室西葫芦的重要病害。根结线虫属线虫类,幼虫细长,无色透明,成虫雌雄异形,雄成虫线状,雌成虫鸭梨状。幼虫(2 龄)在土壤中生活,通常从根尖侵入根内,在根内定居生长;成虫(4 龄)分成雌、雄成虫,雄虫离开根在土中活动,雌虫留在根内,可交尾(有性)或不交尾(孤雌)产卵生殖。完成上述生活周期需 1 个月左右,全年可完成 5~10 代。在北方日光温室中,根结线虫以卵和幼虫越冬。根结线虫的分泌物刺激根部皮层膨大,形成明显的根瘤或根结。发病时危害西葫芦根部,发病后产生大小不等的瘤状根结,解剖根结,镜检可发现病部组织里有很多细小的乳白色线虫在其中。由于根部受害,水分和养分输送受阻,造成植株生长不良,叶片中午萎蔫或逐渐枯黄,株型矮小,有时导致全田植株死亡。

【发病条件与传播途径】 根结线虫是好气性的,喜欢干燥、疏松、沙质壤土,潮湿、黏土地、板结土壤、盐碱地发病轻。线虫生活最适宜的土壤温度为 25℃～30℃,高于 40℃、低于 5℃很少活动,土温为 55℃经 10 分钟致死。一年中有 2 次线虫发生高峰,一是 4～5 月份,二是 9～10 月份,夏季高温和冬季低温发生较轻。线虫分布在表土以下 20 厘米处,其中以 5～10 厘米内为最多,因表土 1～5 厘米过于干燥,深 20 厘米以上透气性差,均不适宜生活。

　　线虫以卵和 2 龄幼虫随病残体在土壤中越冬,本身活动范围很小,主要是靠病土、病苗、流水、耕种、运输等人为传播。日光温室为线虫生长繁殖创造了有利条件,连年重茬、单一种植,对线虫病残体处理不彻底,残体线虫的数量急剧增多,造成了线虫病的日趋严重。

　　【防治方法】　①彻底清除病残体、集中处理。作物收后,将病根全部清除,集中深埋或烧毁,不要乱扔。不用病残体病土沤肥,不用病土育苗,严防人为传播。②培育无病壮苗。注意选用抗病品种,采用抗性砧木嫁接,这是比较行之有效的方法。育苗时应选用无病床土,然后再用药剂处理床土,再播种育苗。③太阳能石灰氮消毒法。石灰氮(氰氨化钙)是一种高效土壤消毒剂,具有消毒、灭虫、防病的作用。操作方法:选择夏季高温、温室休闲期进行。每 667 平方米用麦秸或稻草 1 000 千克,撒于地面;再在麦秸上撒施石灰氮 70～80 千克;深翻地 20～30 厘米,尽量将麦秸翻压地下;南北向做畦,畦高 30 厘米,宽 60～70 厘米;地面用薄膜密封,四周盖严;畦间膜下灌水,浇足浇透;温室用新棚膜安全密封。在夏日高温强光下闷棚 20 天左右(此期间保证有 7 天的连续晴天)。闷棚后将棚膜、地膜撤掉,晾晒,耕翻后即可种植。石灰氮在土壤中分解产生单氰胺和双氰胺,这两种物质对线虫和土传病害有很强的杀灭作用。同时石灰氮中的氧化钙遇水放热,促使麦草腐烂,有很好的肥效。夏季高温,棚膜保温,地热升温,白天地表温度可高达 65℃～70℃,10 厘米地温高达 50℃以上,这样可以有效杀灭土壤中大部分线虫和多种病虫害及杂草。这是一种土壤无害化生产无公害西葫芦的安全有效的方法。④土壤药剂处理。严禁施用高毒、高残留农药,应用高效、低毒、无残留农药,大力推广生物药剂。每 667 平方米用 10％噻唑磷 1.5～2 千克,与适量细土或细砂混匀后穴施、撒施、沟施,能有效阻止线虫侵入植物体内并杀死侵入植物体内的线虫,同时对地上部的蚜虫、飞虱等多种害虫具有防除效果。也可每 667 平方米用威百亩 12～15 千克,既能杀灭线虫,又能杀灭土壤中病菌,耙地深翻,做成畦,随水冲施,后盖膜熏闷,连续闷杀 15 天,放气 2 天,能有效杀灭线虫且对土传病害引起的作物死棵现象有较好的预防效果。还可用阿维菌素防治根结线虫。用 1.8％或 2％阿维菌素 1500 倍液喷洒地面,再深翻地,整平播种。定植后若有线虫,可用 1.8％或 2％阿维菌素 1500 倍液＋强力壮根剂灌根,每株灌药液 0.25～0.5 千克。

二、虫　害

(一)蚜　虫

【为害特点】　蚜虫,菜农俗称为"蜜虫子、腻虫子"。在西葫芦全生育期均能发生,但前期发生较轻,后期严重。危害时,群居叶片背面或在茎和瓜蔓顶端吸食汁液、分泌蜜露,造成叶片卷曲变形,植株生长不良,并能传播病毒病,产生的危害远远大于蚜虫本身。干旱时发生快,为害重,且繁殖速度快,在短时间内可形成群体为害。

【防治方法】　应在发生初期用药,最好几种农药轮换更替使用,防止蚜虫产生抗药性而影响防治效果。目前,防治效果比较好且符合国家无公害蔬菜生产要求的农药品种主要有 70％吡虫啉 5000 倍液、5％啶虫脒 1500 倍液、10％烯定虫胺 1500 倍液和 40％敌百虫 800 倍液等。也可用长效内吸性药剂 25％噻虫嗪乳

剂 7 500～10 000 倍液，一次喷药效果可以持续 15 天左右。2.5％
氟氯氰菊酯乳剂 1 500～2 000 倍液可兼治其他害虫，如斑潜蝇等。

（二）白　粉　虱

【为害特点】　白粉虱的成虫、若虫群居于作物的叶背吸食汁
液，分泌蜜液诱发煤污病，还传播某些植物病毒。植株叶片遭受危
害后，褪绿、变黄、卷曲、萎蔫甚至全株死亡。发生严重时减产幅度
大。该虫的发生往往引起两大绝产性病害，一是传播病毒，使病毒
病暴发蔓延；二是因分泌大量蜜露污染叶片和果实，发生煤污病。

【防治方法】　①人工释放丽蚜小蜂防治白粉虱。丽蚜小蜂属
膜翅目蚜小蜂科。1978 年，我国从英国引进丽蚜小蜂进行了大量
防治白粉虱的试验，取得了良好的防治效果。丽蚜小蜂寄生白粉
虱的蛹和若虫，通常在日光温室中可以存活 10～15 天。产卵的雌
蜂以触角探查粉虱若虫，然后将产卵器刺入，试探粉虱体内是否有
丽蚜小蜂的卵。成蜂喜好选择三龄若虫期和四龄蛹前期的粉虱寄
生。成蜂还可刺探粉虱若虫，取食粉虱的体液，粉虱被刺探后死
亡。每头雌蜂可产卵 50～100 粒，高的可达 350 粒。寄生后，白粉
虱的若虫和蛹变成黑色。除了白粉虱的龄期会影响寄生效果外，
日光温室的温度、湿度和光照强度等也会影响寄生的效果。在
18℃的低温条件下，粉虱的繁殖率比寄生蜂大 9 倍，在防治上要求
寄生蜂数量较大才能较好地控制白粉虱。在 26℃的高温下，寄生
蜂比白粉虱发育快 1 倍，寄生蜂的量可以适当地少。一般说来，当
每株植物有白粉虱 0.5～1 头时，每株放蜂 3～5 头，隔 10 天左右
放 1 次，连续放蜂 3～4 次，可基本控制白粉虱的为害。②用草蛉
防治日光温室白粉虱。草蛉为广泛分布于全国的最常见种，1 年
可以发生多个世代，世代重叠。中华草蛉在日光温室中除了可以
取食白粉虱外，还可以取食菜蚜。但目前没有商品昆虫出售，一般
需要自行采集扩增。③药剂防治。在白粉虱零星发生时开始喷洒

10%吡虫啉可湿性粉剂 1 500 倍液。喷药时力求均匀,使药剂充分渗透叶片,特别是叶背。如果以药剂防治为主,要注意轮换、交替用药,严格掌握用药量,以免害虫产生抗药性。此外,由于粉虱繁殖迅速、易于传播,在一个地区范围内的生产单位应注意联防联治,以提高总体防治效果。

(三)烟 粉 虱

【为害特点】 烟粉虱可直接刺吸植物汁液,造成寄主营养缺乏,影响正常的生理活动。若虫和成虫还可分泌蜜露,诱发煤污病,虫口密度高时,叶片呈现黑色,严重影响光合作用和外观品质;成虫还可作为植物病毒的传播媒介,引发病毒病。西葫芦被害表现为银叶。

【发生特点】 烟粉虱在干热的气候条件下易暴发,特别是8～9月份气温居高不下,极有利于烟粉虱的大发生。由于烟粉虱几乎可以为害所有的农作物,寄主范围广,食性杂,繁殖快,生活周期短,产卵量多,迁移性强,流动性大,难以防治。如果只进行单户单块地用药防治,而不进行联防联治,很难提高总体防治效果。

【防治方法】 ①物理防治。黄色对烟粉虱成虫有强烈的诱集作用,可在日光温室内设置黄板诱杀成虫。具体方法是:用 1 米×0.2 米纤维板或硬纸板,涂成橙黄色,再涂一层黏油(可使用 10 号机油加少许黄油调匀),每 667 平方米设置 32～34 块,置于行间,与植株高度一致,黄板需 7～10 天重涂 1 次,注意防止黏油滴在作物上造成烧伤。②生物防治。烟粉虱的天敌资源丰富,其寄生性天敌有浆角蚜小蜂、丽蚜小蜂等;捕食性天敌有瓢虫、草蛉、花蝽及捕食螨类等;寄生真菌有煤烟色拟青霉、蜡蚧轮枝菌、白僵菌等。它们对烟粉虱具有相当的抑制能力,应加以保护利用。③化学防治。当烟粉虱种群密度较低时早期防治至关重要。同时注意交替用药和合理混配,以减少抗性的产生。可用的药剂有 1.8%阿维菌素2 000～3 000倍液、25％噻虫嗪水分散粒剂4 000倍液、40％阿维·敌畏1 000倍液、10％吡虫啉2 000倍液、5％氟虫腈1 500倍液等,这些药剂高效、低毒,对天敌较安全,对烟粉虱有很好的防治效果。

(四)美洲斑潜蝇

【为害特点】　美洲斑潜蝇是近几年新传入我国的一种世界性检疫害虫。美洲斑潜蝇的寄主主要是葫芦科、豆科、茄科等3个科的植物。在保护地蔬菜上主要为害西葫芦等蔬菜。主要为害特征是:美洲斑潜蝇幼虫取食叶片正面表皮下的栅栏组织,虫道初为针尖状,后为典型的蛇形虫道。随着幼虫成熟,虫道逐渐变宽较均匀,虫道两侧留有交替排列的粪便,形成一黑色条纹。虫道一般不交叉、不重叠,虫道终端明显变宽,这是与其他潜叶蝇区别的特点。

【形态特征】　成虫体长1.3～2.3毫米,浅灰黑色,胸背板亮黑色,体腹面黄色,雌虫体比雄虫大。卵为米色,半透明,大小0.2～0.3毫米×0.1～0.15毫米,幼虫蛆状,初为无色,后变为浅橙黄色至橙黄色,长3毫米,后气门突呈圆锥状突起,顶端三分叉,各具一开口;蛹,椭圆形,橙黄色,腹面稍扁平,大小为1.7～2.3毫米×0.5～0.75毫米。

【防治方法】　①严格检疫,防止该虫扩大蔓延。②播种或移栽前整地深翻土壤,或造墒浇水,可消灭部分虫蛹,降低虫源,减轻为害。③每667平方米可用5％噻唑磷颗粒剂1.5～2千克,或5％辛硫磷颗粒剂3～4千克均匀撒入土内,消灭越冬虫蛹。④科学用药。在幼虫2龄前(虫道很小时),用1.8％阿维菌素乳油3 000倍液,或48％毒死蜱乳油800～1 000倍液,或5％氟啶脲乳油2 000倍液,或5％氟虫脲乳油2 000倍液,或50％环丙氨嗪粉剂2 000倍液喷洒,每7～10天喷1次,连续防治2～3次。

(五)蓟 马

【为害特点】 主要为害叶片、嫩芽和果实。以成虫和若虫锉吸瓜类嫩梢、嫩叶、花和幼瓜的汁液。嫩叶、嫩梢受害后变硬缩小，植株生长缓慢，节间缩短；幼瓜受害后也硬化，毛变黑，造成落瓜，严重影响产量。

瓜蓟马以成虫潜伏在土块、土缝下或枯枝落叶间越冬。其发育适温为 15℃～32℃，在 2℃下仍能生存。从泥土中初羽化的成虫活跃、善飞、怕光，白天阳光充足时，多数隐藏在苗的生长点及幼瓜的茸毛内。保护地设施内的温度、湿度条件适于瓜蓟马越冬和繁殖。

【形态特征】 成虫体长 1 毫米，金黄色，头近方形；复眼稍突出，单眼 3 只，红色，排成三角形；触角 7 节，翅两对，周围有细长的缘毛，腹部扁长。卵长 0.2 毫米，长椭圆形，淡黄色。若虫黄白色，3 龄，复眼红色。

【防治方法】 ①农业防治。根据瓜蓟马繁殖快、易成灾的特点，应注意以预防为主，综合防治。前茬作物收获后，及时清除田间杂草、杂株，以减少虫源；苗出土后，采取地膜覆盖，阻止成虫出土。②药剂防治。当每株虫口数达 3～5 头时，应立即喷药防治，掌握若虫盛发期喷施 10% 吡虫啉可湿粉 1 500～2 000 倍液，或 1.8% 阿维菌素乳油 3 000 倍液，或 25% 噻虫嗪水分散粒剂 4 000～7000 倍液，或 50% 辛硫磷乳油 1 000 倍液等 1～2 次，间隔 7～10 天喷 1 次，交替施用，喷匀喷足。

有的菜农觉得蓟马难治，其原因是不了解蓟马的生活习性，因而在防治工作中存在盲目性，具体表现在以下 3 个方面：①只重视杀虫，不重视杀卵。对于害虫的防治，菜农多存在急功近利的做法，体现在用药上只注重杀虫，不注意杀卵，因此容易形成"摁下葫芦浮起瓢"的被动局面，从而让人感觉蓟马相当难治。因此，防治蓟马选用的药剂最好具有虫、卵皆杀功效的药剂，或者杀虫与杀卵的药剂复混使用。如可选用 2.5％多杀菌素 1 000 倍液＋10％吡虫啉 2 000 倍液进行防治。多杀霉素对害虫具有快速的触杀和胃毒作用，对叶片有较强的渗透作用，持效期较长，且有一定的杀卵作用。而吡虫啉则具有触杀、胃毒和内吸等多重作用。②只知用药防治，不管用药时间。防治蓟马与防治其他病虫一样，都是在上午或下午用药，这是菜农的普遍做法。但是，这种做法不适合用来防治蓟马。因为蓟马具有趋花的习性和昼伏夜出的习性。趋花的习性，决定了防治蓟马在花前用药效果才好；昼伏夜出的习性，则决定了防治蓟马在傍晚用药效果才好。③只喷植株，不喷地面。只喷植株也是造成蓟马难防治的重要原因。因为蓟马的卵、蛹及成虫隐藏性强，不仅存在于植株上，也大量存在于土壤裂缝中，因而只喷植株杀虫不彻底。为求杀虫彻底，在喷药时应加大用药量，不仅要喷洒植株，还要喷地面，且要喷严喷透。

（六）斜纹夜蛾

【为害特点】　以幼虫咬食叶、花、果实，该虫大发生时能将全田植株吃成光秆，以至无收。

【生活习性】　在华北一年发生 4～5 代，以 7～10 月份为害最重。通常每头雌蛾可产卵 400 粒左右，最多可达 2 000～3 000 粒。幼龄幼虫群集在卵块附近为害成筛网状，三龄以后分散为害，有假死性，并对阳光敏感，晴天躲在阴暗处或土缝里，夜晚、早晨出来为害。老熟幼虫入土化蛹。

【防治方法】　在各代盛卵期，发现卵块和新筛网状被害叶时，随手摘杀并集中喷药围歼。掌握幼虫低龄时期，每 667 平方米用 90％敌百虫 50 克，或 80％敌敌畏 40 克，或 20％杀灭菊酯乳油 15 克＋水 60 升喷雾，特别是在黄昏或清晨用药，效果更好。还可利用大蟾蜍或赤眼蜂等自然天敌控制此虫为害。

(七)黄守瓜

在瓜类蔬菜上常见的守瓜类害虫有黄足黄守瓜、黄足黑守瓜、黑足黄守瓜、黑足黑守瓜等4种,均属鞘翅目,叶甲科。其中温室栽培中最主要的守瓜类害虫是黄足黄守瓜,又名黄虫、瓜守、黄守瓜等。

【为害特点】 成虫取食瓜苗的叶和嫩茎。把叶片食成环或半环形缺刻,咬食嫩茎造成死苗,还危害花及幼瓜。该虫在土中咬食根茎和瓜根,常使瓜秧萎蔫死亡。也可蛀食贴地面生长的瓜果。对此虫防治不及时,往往造成较大幅度减产和瓜果品质降低。

【发生规律】 在北方温室保护地瓜菜与露地瓜菜栽培茬相衔接或交替、全年栽培瓜类蔬菜的地区,黄守瓜于温室保护地转移露地,或从露地转入温室保护地,可一年发生2代,甚至于日光温室内出现3代幼虫。在露地年1代区越冬成虫5～8月产卵,6～8月为幼虫为害期,以7月为害最重,8月成虫羽化后咬食秋季瓜菜,10～11月逐渐进入越冬场所。在日光温室内,成虫多于2～6月产卵,3～6月为幼虫为害期,以5月冬春茬瓜类作物结瓜盛期为害最甚,6月下旬至7月上旬羽化为成虫,第二代幼虫为害期在7～11月,主要为害秋冬茬和越冬茬瓜类蔬菜秧苗和伏茬的瓜果,11月后又以成虫寄生于温室内,冬季咬食瓜叶。黄足黄守瓜成虫喜在温暖的晴天活动,早晨露水干后取食。成虫的飞翔力较强,稍受惊扰即坠落,一段时间后再展翅飞翔。成虫具有假死性。越冬成虫寿命很长,在北方可达1年左右。成虫对黄色有趋性且喜欢取食瓜类的嫩叶,常常咬断瓜苗的嫩茎,因此瓜苗在5～6片真叶以前受害最严重。在开花前主要取食瓜叶,成虫常以自己的身体为半径旋转咬食一圈,使叶片呈干枯的环形,或半圆形食痕及圆形孔洞,成为黄守瓜为害的典型特性。开花后,还可食害瓜花和幼瓜。雌虫一生可产卵150～2 000多粒。卵多产在寄主根部附近土表凹陷处,成堆或散产。幼虫蛀食主根后,叶子瘪缩,蛀入茎基则地面瓜藤枯萎,甚至全株死亡。幼虫可转株为害。高龄幼虫还可蛀食地面的瓜果。

【防治方法】　①阻隔成虫产卵。采用全田地膜覆盖栽培,在瓜苗茎基周围地面撒布草木灰、麦芒、麦秸、木屑等,以阻止成虫在瓜苗根部产卵。②适当间作套种。瓜类蔬菜与十字花科蔬菜、莴苣、芹菜等蔬菜套种间作,瓜苗期适当种植一些高秆作物。③药剂防治。瓜类蔬菜对不少药剂比较敏感,易产生药害,尤其苗期抗药力弱,要注意选用适当的药剂,严格掌握施药浓度。一是防治成虫可用90%敌百虫晶体1 000倍液,或80%敌敌畏乳油1 000倍液,或50%辛硫磷乳油1 000倍液,或2.5%溴氰菊酯乳油3 000倍液,或10%氯氰菊酯乳油3 000倍液喷雾。二是防治幼虫可用50%辛硫磷乳油1 000倍液,或90%敌百虫晶体1 000倍液,或5%鱼藤精乳油500倍液,或烟草浸出液30~40倍液灌根,可杀死土中幼虫。

(八)瓜绢螟

瓜绢螟属鳞翅目螟蛾科,俗称瓜螟,是近年来瓜类作物上常见的害虫之一。

【为害特点】　以幼虫为害瓜类作物的嫩头和幼瓜,也为害叶片,发生严重时可吃光叶片,仅剩叶脉。

【生活习性】　瓜绢螟一般年发生4~5代,以8~9月份为害最重。成虫昼伏夜出,卵散于叶背,或20粒左右聚集在一起,卵期4~6天,幼虫期10~12天,初孵幼虫多集中在叶背取食叶肉。3龄后吐丝缀合叶片或侵入嫩头为害。发生严重时,常为害幼瓜、花或潜入瓜藤。幼虫性活泼,遇惊即吐丝下垂转移他处继续为害。

【防治方法】　①农业防治。清洁温室。西葫芦采收后将枯藤落叶收集集中处理,压低虫口基数。在幼虫发生期,人工摘除卷叶,捏杀幼虫。②药剂防治。应掌握在卵孵盛期施药,并注意将药液喷洒到叶背或嫩头上。可选用的药剂有 1.8％阿维菌素乳油 3 000 倍液,或 40％绿菜保(阿维·敌畏)乳油 800 倍液,或 50％辛硫磷乳油 1 000 倍液。

(九)茶 黄 螨

【为害特点】 茶黄螨的为害特点是食性杂,主要以露地和保护地多种蔬菜作为害对象,用刺吸式口器吸食嫩芽、嫩茎、嫩叶、花器等幼嫩部位的汁液,受害叶片背面呈灰褐色或黄褐色,具油浸状或油质光泽,叶片边缘向下卷曲;被吸食的嫩茎变为黄褐色,扭曲畸形,被害严重时植株顶部干枯(主蔓顶尖部生长点消失);受害花蕾轻者开花不正常,重者不能开花坐果;嫩瓜受害时,瓜柄、萼片、果皮变成黄褐色,木栓化,表皮失去光泽,瓜条有时出现畸形而黄化,造成减产。由于该害虫体积小,用肉眼难以观察识别,所以发生为害后,常被误认为病毒病或微量元素缺乏症而耽误了防治。

茶黄螨在温度达到 20℃时开始繁殖,经几代繁殖后数量剧增,很快蔓延成片发生。茶黄螨以两性繁殖为主,但也能孤雌生殖,只是未受精卵的孵化率低。成虫活泼,尤其是雄螨在取食部位变老时,立即向新嫩部位转移,并携带雌螨双双活动。雌螨经蜕皮后性成熟,即与雄螨交尾产卵,卵散产于叶背面、果实凹处及嫩芽上,经 2～3 天孵化出幼螨。螨虫生长发育需要的最适温度为 16℃～23℃,空气相对湿度为 85％～90％,在此种条件下螨虫繁殖最快。

【防治方法】 如果发现温室内植株有螨虫为害,应立即用 1.8％阿维菌素乳油 3 000 倍液,或 72％炔螨特乳油 2 000 倍液,或 5％噻螨酮乳油 2 000 倍液喷雾。如果茶黄螨和白粉虱混合发生,可选用扑虱灵、浏阳霉素乳油等喷雾防治(用药量按农药说明书)。

(十)红 蜘 蛛

俗称火蜘蛛、火龙、砂龙等。属蛛形纲蜱螨目叶螨科。

【为害特点】　成螨、若螨可在西葫芦叶背上吸食汁液,并结成丝网。初期叶面出现零星的褪绿斑点,严重时遍布白色小点,叶面变为灰白色,全叶干枯脱落。

红蜘蛛一年中可繁殖 10～20 代,高温低湿有利于红蜘蛛发生。该虫发生繁殖的最适温度为 29℃～31℃,空气相对湿度为 35％～55％。初发生为点片阶段,再向四周扩散,先为害植株的下部叶片,再向上部叶片转移。

【形态特征】　成虫体色一般为深红色。雌螨卵圆形,长 0.44 毫米,宽 0.31 毫米。雄螨腹部末端较尖,体长 0.37 毫米,宽 0.19 毫米。4 对足。卵为圆球形,光滑,初时无色、透明,以后逐渐变为橙黄色。

【防治方法】　①清除田间及地边、地埂、路旁的杂草,集中堆埋,以减少虫源。②合理灌溉,增加湿度和增施磷、钾肥,可使植株提高抗螨能力。③加强田间检查,及时施药将红蜘蛛杀灭在点片阶段,可用 1.8％阿维菌素乳油 3 000 倍液,或 73％炔螨特乳油 2 000倍液,或 5％噻螨酮可湿性粉剂 2 000 倍液等喷杀。

(十一)蝼 蛄

【为害特点】　蝼蛄又名拉拉蛄、土狗子。成虫、若虫在地下咬食播下的种子或幼芽,或咬死幼苗。受害根部呈乱麻状。蝼蛄在土表下潜行时,将土层钻成许多隆起的隧道,使根、土分离,导致幼苗失水干枯而死,造成缺苗断垄。

【生活习性】　在保护地和露地西葫芦田里均有蝼蛄出没。成虫、若虫均在土中越冬。3 年发生 1 代。每年 3～4 月份该虫开始活动,5～6 月当平均气温和 20 厘米深处地温为 15℃～20℃时进入为害盛期,6～7月是蝼蛄产卵盛期,7～8月份天气炎热时该虫潜入土中越夏,9月份天气凉快时,再次为害。蝼蛄喜欢在夜间活动。成虫有趋光性和喜湿性。特别对马粪、厩肥以及香、甜物质有强烈趋性。

【防治方法】 ①毒饵诱杀。将豆饼、麦麸、棉籽饼炒香,每1千克炒料＋90％敌百虫粉剂30克＋少量水拌至潮湿即成毒饵,每667平方米用该毒饵2千克左右撒在苗床或地里。②夜晚用黑光灯或电灯诱杀成虫。③药剂防治。可用5％辛硫磷颗粒剂1千克＋20千克土混匀后撒入田地中。也可用50％辛硫磷乳油1 000倍液或80％敌百虫可湿性粉剂800倍液灌根,每株灌150～250克。

(十二)蛴 螬

【为害特点】 蛴螬即金龟子幼虫,成虫、幼虫均可为害。成虫取食叶片,有时花及果实也能受害。幼虫食性杂,主要为害地下根系及根茎部,造成缺苗断垄,作物伤口有利病菌侵入诱发病害。

【生活习性】 以幼虫或成虫在土壤中越冬。一直在地下活动,当10厘米深处地温达到5℃时开始移向土表,地温为13℃～18℃时该虫活动最盛,地温为23℃以上时则钻入深土中。成虫有假死性和趋光性,并对未腐熟的厩肥有强烈趋性。交尾后15～20天产卵,卵期15～22天,幼虫期300～400天。蛴螬在地下的活动与土壤温、湿度关系密切。土壤潮湿,尤其是小雨天气,蛴螬的出没最为活跃。

【防治方法】 ①不施用未经充分腐熟的农家肥,以减少将幼虫和卵带入田间的机会。②蛴螬发生严重的地块,要深翻土地,人工捕杀,这样可以消灭部分幼虫,压低虫口数量。③合理灌溉。土壤温、湿度直接影响着蛴螬的活动,对于蛴螬发育最适宜的土壤含水量为15％～20％,土壤过干过湿,均会迫使蛴螬向土壤深层转移,如持续过干过湿,则使其卵不能孵化,幼虫致死,成虫的繁殖和生活能力严重受阻。因此,蛴螬发生地区在不影响西葫芦生长发育的前提下,对于灌溉要合理地加以控制。④药剂防治。可用80％敌百虫可湿性粉剂 100～150 克对土 15～20 千克制成毒土,施入定植穴内或撒入田间后深翻入土中。也可用 50％辛硫磷乳油 1 000 倍液,或 80％敌百虫可湿性粉剂 800 倍液,或 30％敌百虫 500 倍液喷洒或灌根,每株灌药液 150～250 克。

(十三)地 老 虎

地老虎是苗期经常发生的地下害虫,包括小地老虎、大地老虎和黄地老虎 3 种,均属鳞翅目夜蛾科。一般以小地老虎发生为主,其幼虫俗称"土蚕"。

【为害特点】 幼虫为害西葫芦幼苗根茎部。3 龄前幼虫在幼苗叶片和顶心嫩叶处昼夜取食,造成孔洞或缺刻。3 龄后幼虫咬断幼苗近地面嫩茎,并可转株为害,造成缺苗断垄。

【生活习性】 成虫早春开始发生,3 月中下旬为发蛾高峰。第一代幼虫为害盛期一般在 4 月中下旬。1 年发生 4～5 代,常形成春、秋两次为害高峰。成虫昼伏夜出,对糖醋液及黑光灯趋性强。卵多产在近地面植物叶背嫩茎、土块及杂草上,卵期 4～11 天。幼虫共 6 龄,3 龄前昼夜为害,3 龄后昼伏夜出,幼虫有假死性和互残性,老熟后入土化蛹。

【防治方法】 ①农业防治。早春铲除菜田及其周围杂草,春耕细耙,杀死部分卵及幼虫。诱杀成虫。春季用糖醋液诱杀越冬代成虫减轻幼虫为害。②诱捕幼虫。用新鲜泡桐叶或莴苣叶等堆草诱虫,每 667 平方米放 50～60 片,翌日清晨捕杀叶下幼虫。③人工挑治。清晨扒开断苗附近的表土,可捉到潜伏的高龄幼虫。连续捕捉数日,灭效较好。④药剂防治。一是毒饵诱杀。用 90％敌百虫晶体 0.5 千克＋水 2.5～5 升喷拌切碎的鲜草或豆饼粉 30

千克,于傍晚撒在行间苗根附近,隔一段距离撒一堆,每 667 平方米用鲜草毒饵 15 千克左右。二是喷雾。对低龄幼虫可喷洒 48%毒死蜱乳油 1 000 倍液,或 50%辛硫磷乳剂 800 倍液,或其他菊酯类农药。三是灌根。对高龄幼虫可用 48%毒死蜱乳油 1 500 倍液或 50%辛硫磷乳油 1 000~1 500 倍液灌根。

三、生理性病害

(一)西葫芦缺氮症

【症　状】　植株生长缓慢并矮化,叶呈黄绿色,严重时叶呈浅黄色,全株变黄甚至白化,茎叶变硬纤维多,果蒂浅黄色。

【发生条件】　①土壤本身含氮量低。②种植前施大量未腐熟的作物秸秆或有机肥,碳素多,其分解时夺取土壤中的氮。③产量高,从土壤中吸收的氮过多而补充不及时。

【诊断要点】　①观察植株是从上部叶还是从下部叶开始黄化,从下部叶开始黄化则是缺氮。②注意茎的粗细,一般缺氮则茎细。③定植前施用未腐熟的作物秸秆或有机肥,短时间内会引起缺氮。④下部叶叶缘急剧黄化则为缺钾,叶缘部分残留有绿色则为缺镁。叶螨为害呈斑点状失绿。

【防治方法】　①施用新鲜的有机物作基肥要增施氮素。②施用完全腐熟的堆肥。③应急措施是叶面喷施 0.2%~0.5%尿素液。

(二)西葫芦缺磷症

【症　状】　植株矮化,叶片小,颜色浓绿,叶片平展并微向上挺。老叶有明显的暗红色斑块,有时斑点变褐色,下部叶易脱落。

【发生条件】　①堆肥和磷肥用量少易发生缺磷症。②地温影响对磷的吸收。温度低,对磷的吸收就少,日光温室等保护地冬春或早春易发生缺磷。

【诊断要点】　注意症状出现的时期,如果温度低,即使土壤中磷素充足,也难以吸收充足的磷素,易出现缺磷症。在植株生育初期,叶色为浓绿色,后期出现褐斑。

【防治方法】　①土壤缺磷时,除了施用磷肥外,预先要培肥土壤。②苗期特别需要磷,注意增施磷肥。③施用足够的堆肥等有机质肥料。④喷施 0.2％磷酸二氢钾或 0.5％过磷酸钙水溶液。

(三)西葫芦缺钾症

【症　状】　植株生长缓慢,节间短,叶片小,先呈青铜色逐渐呈黄绿色,叶片卷曲,严重时叶片呈烧焦状干枯。主脉下陷,叶缘干枯。果实中部和顶部膨大受阻。

【发生条件】　①土壤中含钾量低,施用堆肥等有机质肥料和钾肥少,易出现缺钾症。②地温低、日照不足、土壤过湿、施氮肥过多等阻碍对钾的吸收。

【诊断要点】　①注意叶片发生症状的位置,如果是下部叶和中部叶出现症状可能缺钾。②生育初期,当温度低,覆盖栽培时,气体障碍有类似的症状,要注意区别。③同样的症状如出现在上部叶,则可能是缺钙。

【防治方法】　①施用足够的钾肥,特别是在生育的中、后期不能缺钾。②施用充足的堆肥等有机质肥料。③如果钾不足,每 667平方米可用硫酸钾 3～4.5 千克作一次追施。④叶面喷 0.3％磷酸二氢钾与 1％草木灰浸出液。

(四)西葫芦缺钙症

【症　状】　上部叶型稍小,向内侧或向外侧卷曲;生长点附近的叶片叶缘卷曲枯死,呈降落伞状;上部叶的叶脉间黄化,叶上出

现斑点病,严重时叶脉间组织除主脉外全部失绿。顶芽坏死。、

【发生条件】 ①氮多、钾多、土壤干燥均会阻碍对钙的吸收。②空气湿度小,蒸发快,补水不足时易产生缺钙。③土壤本身缺钙。

【诊断要点】 ①仔细观察生长点附近的叶片黄化状况,如果叶脉不黄化、呈花叶状则可能是病毒病。②生长点附近萎缩,可能是缺硼。但缺硼突然出现萎缩症状的情况少,而且缺硼叶片扭曲,根据这一点可以区分是缺钙还是缺硼。

【防治方法】 ①土壤钙不足,可施用含钙肥料。②避免一次性施用大量钾肥和氮肥。③适时浇水,保证水分充足。④应急措施是用0.3%氯化钙水溶液喷洒叶面。

(五)西葫芦缺镁症

【症　状】 下部叶叶脉间的绿色渐渐地变黄,进一步发展,除了叶脉、叶缘残留绿色点外,叶脉间全部黄白化。老叶先发生,逐渐向幼叶发展,最后全株黄化。有时是绿叶表现为在叶脉间出现大的凹陷斑,最后斑点坏死,叶片萎缩。

【发生条件】 ①土壤本身含镁量低。②钾肥、氮肥用量过多,阻碍了对镁的吸收,这一点尤其在日光温室栽培表现更明显。③收获量大,但没有施用足够的镁肥。

【诊断要点】 ①生育初期至结瓜前,若发生缺绿症,则缺镁的可能性不大,可能是与在保护地里受到气体的障碍有关。②缺镁症状与缺钾症状相似,二者的区别在于缺镁是从叶内侧失绿,缺钾是从叶缘开始失绿。③缺镁的叶片不卷缩。如果硬化、卷缩应考虑是其他原因引起。

【防治方法】 ①土壤诊断若缺镁,在栽培前要施用足够的含镁物料。②避免一次性施用过量的、阻碍对镁吸收的钾、氮等肥料。③应急措施是用1%～2%硫酸镁水溶液喷洒叶面。

(六)西葫芦缺锌症

【症　状】　从中部叶开始褪色；与健康叶比较，叶脉清晰可见。随着叶脉间逐渐褪色，叶缘由黄化转变为褐色，叶缘枯死，叶片向外侧稍微卷曲。嫩叶生长不正常，芽呈丛生状。

【发生条件】　①光照过强易发生缺锌。②植株若吸收磷过多，即使也吸收了锌，也表现缺锌症状。③土壤 pH 值高，即使土壤中有足够的锌，但其不溶解，也不能被作物所吸收利用。

【诊断要点】　①缺锌症与缺钾症类似，叶片均表现黄化。但缺钾是叶缘先呈黄化，渐渐向内发展；而缺锌则全叶黄化，并由叶的中部逐渐向叶缘发展。二者的区别是黄化的先后顺序不同。②缺锌症状严重时，生长点附近节间短缩。

【防治方法】　①不要过量施用磷肥。②缺锌时，每 667 平方米可施用硫酸锌 1.5 千克。③应急措施是用 0.1%～0.2%硫酸锌水溶液喷洒叶面。

(七)西葫芦缺硼症

【症　状】　生长点附近的节间显著地缩短，有时出现木质化。上部叶向外侧卷曲，叶缘部分变褐色。当仔细观察上部叶叶脉时，有萎缩现象，叶脉间不黄化。

【发生条件】　①在酸性的砂壤土上，一次性施用过量的碱性肥料，易发生缺硼症状。②土壤干燥影响对硼的吸收，易发生缺硼。③土壤有机肥施用量少，土壤 pH 值高的田块易发生缺硼。④施用过多的钾肥，影响了对硼的吸收，易发生缺硼。

【诊断要点】　①根据发生症状的叶片的部位来确定，缺硼时是症状多发生在上部叶。②叶脉间不出现黄化。③植株生长点附近的叶片萎缩、枯死，其症状与缺钙相类似。但缺钙叶脉间黄化，而缺硼叶脉间不黄化。

【防治方法】 ①土壤缺硼,可预先增施硼肥。②适时浇水,防止土壤干燥。③多施腐熟有机肥,提高土壤肥力。④应急措施是用 0.12%～0.25% 硼砂或硼酸水溶液喷洒叶面。

(八)西葫芦缺铁症

【症　状】 上部叶的新叶全部黄化,严重时黄白化,芽生长停止,叶缘坏死而完全失绿。

【发生条件】 磷肥施用过量,碱性土壤,土壤中含铜、锰元素过量,土壤过干、过湿、温度低,易发生缺铁。

【诊断要点】 ①缺铁的症状是出现黄化,叶缘正常,不停止生长发育。②调查土壤 pH 值,如出现上述症状的植株根际土壤呈碱性,有可能是缺铁。③在干燥或多湿等条件下,根的功能下降,吸收铁的能力下降,就会出现缺铁症状。④仔细观察植株叶片是出现斑点状黄化还是全叶黄化,如果是全叶黄化则为缺铁症。

【防治方法】 ①尽量少用碱性肥料,防止土壤呈碱性,适宜的土壤 pH 值应为 6～6.5。②加强土壤水分管理,防止土壤过干、过湿。③应急措施是用硫酸亚铁 0.1%～0.5% 水溶液或柠檬酸铁 100 毫克/千克水溶液喷洒叶面。

(九)西葫芦氮素过剩症

【症　状】 叶片肥大而浓绿,中下部叶片出现卷曲,叶柄稍微下垂,叶脉间凹凸不平,植株徒长。受害严重时,叶片边缘受到随"吐水"析出的盐分危害,出现不规则黄化斑,并造成部分叶肉组织坏死。受害特别严重的叶及叶柄萎蔫,植株在数日内枯萎死亡。

【发生条件】 施用铵态氮肥过多,特别是遇到低温或把铵态氮肥施入到消毒的土壤中,硝化细菌或亚硝化细菌的活动受抑制,铵在土壤中积累的时间过长,引起铵态氮过剩;易分解的有机肥施用量过大;温室种植年限长,土壤盐渍化。

【防治方法】 ①实行测土施肥,根据土壤养分含量和西葫芦需要,对氮、磷、钾和其他微量元素实行合理搭配科学施用,尤其不可盲目地施用氮肥。在土壤有机质含量达到2.5%以上的土壤中,应避免一次性每667平方米施用超过5 000千克的腐熟鸡粪。②在土壤养分含量较高时,提倡以施用腐熟的农家肥为主,配合施用氮素化肥。③如发现西葫芦缺钾、缺镁症状,应首先分析原因,若因氮素过剩引起缺素症,应以解决氮过剩为主,配合施用所缺肥料。④如发现氮素过剩,在地温高时可加大灌水缓解,喷施适量助壮素,延长光照时间,同时注意防治蚜虫和霜霉病。

(十)西葫芦磷过剩症

【症　状】 叶脉间的叶肉上出现白色小斑点,病健部分界明显,外观上与某些细菌性病害类似。

【发生条件】 这是由于过量施用磷肥所致。磷素过多能增强作物的呼吸作用,消耗大量碳水化合物,叶片肥厚而密集,系统生殖器官过早发育,茎叶生长受到抑制,引起植株早衰。由于水溶性磷酸盐可与土壤中的锌、铁、镁等营养元素生成溶解度低的化合物,降低上述元素的有效性。因此,因磷素过多而引起的病症,除上述症状外,有时会以缺锌、缺铁、缺镁等的失绿症表现出来。

【防治方法】 防治磷过剩的方法较简单,减少磷肥施用量即可。注意科学施用磷肥,在减少磷肥施入量的同时,注意提高肥效。土壤如为酸性,磷呈不溶性,虽然土中有磷也不能吸收,因此适度改良土壤酸度,可提高肥效。施用堆厩肥,磷不会直接与土壤接触,可减少被铁或铝所结合,对根的健全发育及磷的吸收很有帮助。

(十一)西葫芦硼素过剩症

【症　状】 种子发芽出苗后,第一片真叶顶端变褐色,向内卷曲,逐渐全叶黄化。幼苗生长初期,较下部的叶片叶缘黄化。叶片叶缘呈黄白色,而其他部位叶色不变。

【发生条件】 首先要了解前茬作物是否施用了较多的硼砂,或是含硼的工业污水流入田间。西葫芦植株叶片的叶缘黄化的原因可能是盐类含量多,或者土壤中钾过剩等,不单纯是硼过剩的结果。人工施用硼肥,使下部叶叶缘黄化,症状进一步发展为叶内黄化并脱落,这可能是硼过剩的结果。

【防治方法】 土壤酸性越大,出现症状就越明显越严重,所以施用石灰质肥料可以提高 pH 值。在西葫芦作物生长过程中,施用碳酸钙比氢氧化钙更安全。如硼过剩,可以浇大水,通过水溶解硼并淋失带走一部分硼。如果浇大水后,再施用石灰质肥料,其效果更好。

(十二)西葫芦锰素过剩症

【症　状】 下部叶的网状脉首先变褐,然后主脉变褐,沿叶脉的两侧出现褐色斑点(褐脉叶)。先从下部叶开始,然后逐渐向上部叶发展。

【发生条件】 土壤酸化,大量的锰离子溶解在土壤溶液中,容易引起西葫芦锰中毒。在使用过量未腐熟的有机肥时,容易使锰的有效性增大,也会发生锰中毒。

【防治方法】 由于土壤中锰的溶解度随着 pH 值的降低而增高,所以施用石灰质肥料,可以提高土壤酸碱度,从而降低锰的溶解度。在土壤消毒过程中,由于高温、药剂作用等,使锰的溶解度加大,为防止锰过剩,消毒前要施用石灰质肥料。注意田间排水,防止土壤过湿,避免土壤溶液处于还原状态;施用有机肥时必须完全腐熟。

(十三)西葫芦徒长

【症　状】　幼苗纤细,节间长,叶片大,叶片薄,叶色淡,叶柄和茎柔嫩、易折,根系发育不良,根系数少,根小。这种苗易受冻、受害及被病菌侵染,抗冻和抗热性较差,花分化少,易形成化瓜及落花,定植成活率低。

【发生条件】　温度过高,通风不及时;光照不足,特别是阴雨天多或草苫晚揭早盖,光照严重不足;夜温高;基肥或营养土中氮肥过多;水分过多;密度过大。

【防治方法】　①根据西葫芦苗期要求的温度条件,每天通风时,一般保持正常温度为 22℃～25℃,温度高于 30℃可考虑通风,温度低于 20℃可关闭通风口。②增加光照。对草苫尽可能地早揭晚盖;为防止长期阴雨天,在温室中张挂反光幕。③春季当外界气温达到 15℃时,注意通底风。④平衡施肥,增施有机肥,注意氮、磷、钾的配合,要稳氮、增磷、补钾,对叶面喷施微肥。⑤定植时底水一次浇足,苗期浇水不可大水漫灌,以后根据土壤墒情酌情浇小水。⑥扩大株行距,要间苗和匀苗;有些苗可采取二次育苗法育苗,适当稀植,最好采取营养钵或营养纸袋育苗。⑦配制营养土时土、肥比例为 6:4,即 6 份大田土与 4 份充分腐熟、细碎的优质有机肥,土肥掺和混匀后,再加 1～1.5 千克过磷酸钙、0.5 千克磷酸二铵,或 0.5 千克尿素和 0.5 千克草木灰,或 25～30 千克草木灰。⑧适当喷洒 25～50 毫克/升的多效唑水溶液控制生长。⑨深冬季节夜温不可太高,一般前半夜掌握在 14℃～16℃、后半夜在 10℃～14℃,第二天早上棚温不低于 10℃。确定方法:在早晨揭草苫子检查日光温室内的温度,一般温度在 12℃左右基本符合西葫芦的生长要求,注意温度不可超过 16℃。可通过改变揭草苫的时间或关闭通风口的时间来调节日光温室内的夜温。如果植株长势过旺,可适当降低温室内的温度,即在揭草苫时日光温室内的温度在 10℃左右。

(十四)低温障碍

【症　状】　温室西葫芦定植后遇到低温危害时,植株叶片边缘干枯,严重时生长点干枯。地下部根系停止生长,不发新根,不长新叶,甚至丧失吸水功能。植株萎蔫,幼嫩叶片失绿黄化。西葫芦叶片小而厚,植株矮小不长,常常出现花打顶现象,化瓜严重,产量降低。

【发生原因】　秋冬和早春影响西葫芦生长的重要因素是低温。低温有两种:一种是零摄氏度以下的冻害,一种是零摄氏度以上的寒害。而温室内温度长时间低于西葫芦生长所需适温时,一样可使植株生理功能受到破坏,造成生长发育不良。造成低温的主要原因有两个:一是设施栽培环境具有升温快,降温也快的特点,极易受到外界气温变化的影响,特别在秋冬季或早春遇到大风降温或连阴雨雪天气时。二是温室结构设计不合理,保温措施不足,缺乏保温设备,都是造成低温危害的原因。冬春茬扣棚的时期应该在外界气温低于 15℃时就及时扣膜。各地区扣膜的时间不相同,寿光市一般在 10 月上旬扣膜,如扣薄膜不及时,气温低于8℃就易造成西葫芦植株的冷害,受害植株表现为叶脉间叶肉隆起、叶肉变墨绿色等。扣膜之后外界气温仍是逐渐变低,按操作日程当外界气温降至 5℃以前就应及时扣草苫,如扣草苫不及时,突然降温,就会造成冷害。日光温室冬春茬西葫芦的冷害多发生在深冬季节,如遇到 5~7 天的连阴雨天,由于缺少太阳直射光的补给,使室温和地温降至西葫芦生长所需温度之下而造成冷害。这时的冷害不仅危及叶片,而且伤及根系。初春冷害多发生在 3 月上中旬,进入 3 月份后,温度回升快,但这时往往伴随有倒春寒。由于初春温度回升快,使经验不足的农户往往过早地撤除覆盖物,当倒春寒突然降临后措手不及,致使西葫芦遭受冷害。

【**防治方法**】　①采用多层覆盖。遇连阴雨雪或寒流侵袭时，一定要在温室内进行双层覆盖，或在温室前屋面加盖草苫，外加一层塑料薄膜。草苫外加一层薄膜，晴天夜间室内温度比不加薄膜提高 1℃～2℃，雨雪天可提高 2℃～4℃。②增加太阳光线的入射量。因为室内温度的上升主要依赖于进入温室内太阳光线的多少，所以太阳光线入射量增加会明显地提高温室内温度。因此，提高太阳光线入射率的措施，除采用无滴膜、正确调节建筑方位、减少建筑材料的遮荫、经常保持棚膜清洁等措施外，使用反光幕可使温室内温度提高 1℃～2℃。在管理上，冬春日光温室生产应在晴天日出后 1 小时左右，及时揭去前面覆盖物；即使是阴天或低温天气，也应适当揭开草苫等覆盖物，以争取光照，提高室温。连阴、雨、雪天转晴后，应注意蔬菜缓苗，间隔揭苫及施行叶面追肥，以减少叶面蒸腾，防止植株萎蔫。③熏烟。遇到寒流突然袭击或雨后天晴时，除加强保温措施外，可在室内增设火炉实行明火加温或在降温前实行熏烟，同时注意排烟，熏烟对防止短时间的冷害具有重要作用。

(十五)西葫芦只开花不结果

【**症　状**】　雌花不容易坐果。

【**发生原因**】　主要是生理障碍造成，具体有以下 3 个原因：一是基肥中偏施了氮肥，促使西葫芦生长过旺，叶片面积增大，荫蔽严重；二是温室内温度过低或过高；三是温室内水分不足或者湿度过大。在以上的环境中，会使花粉和花柱的生命活力受到较大抑制。

【**防治方法**】　①合理浇水。开始结瓜时，如遇到连续 10 天左右的干旱，应进行沟灌，但同时要防止大水漫灌。②增施磷钾肥。一般每隔 5～7 天喷施 1 次 0.2%～0.3% 的磷酸二氢钾溶液。③控制夜温。可适当控制夜温，夜温过高，西葫芦容易出现旺了棵子的情况,因此下午要晚一点关通风口,早上要及时通风,适时调整好西葫芦温室内温度,一般西葫芦正常生长适宜夜温为上半夜16℃～18℃,下半夜12℃～15℃。早上温室内的温度不能超过15℃,同时也不要低于10℃,这样可避免出现西葫芦旺了棵子的现象。④喷洒营养液调控植株长势。可叶面喷洒海藻素等以调节西葫芦的长势,使西葫芦的养分达到合理供应,使养分由主要供应植株生长适当转为供应果实的生长,以促进西葫芦多坐瓜。也可在西葫芦长到3～9片真叶时对其叶面喷洒助壮素或矮壮素或增瓜灵等,避免西葫芦出现过旺生长的情况。但在喷洒生长调节剂时要注意做好试验,避免因用药量过大而造成药害,并于晴天的下午进行喷洒。⑤实施人工授粉。上午9～10时正值雄花开放高峰期,可摘取雄花,去其花冠,将花药轻轻涂在雌蕊的柱头上,1朵雄花可供3朵雌花授粉。⑥激素处理。一是可用20～30毫克/升的2,4-D在开花的当天上午,用毛笔蘸液涂于花梗部或柱头、子房上,注意防止药液溅洒在茎叶上。二是可用40～50毫克/升的防落素喷洒在雌花柱头上。三是摘除老叶,疏除残花。对基部老叶应适当摘除,同时,要疏理过多的雌花和多余的雄花。

(十六)西葫芦花打顶

【症　状】　西葫芦茎尖部生长点受阻,"龙头"节间越来越短,不舒展,不再有新的幼叶产生。同时,雌花"抱顶",有自封顶的生长趋势。西葫芦发生花打顶现象会严重影响产量,特别是早期产量,一般可减产30%～40%。

【发生原因】　①蹲苗过头。蹲苗虽可控上促下,有利于培育壮苗,但如蹲苗时间过长,或土壤过于干旱就会造成"龙头"营养不良,生长衰弱,导致花打顶。②低温。西葫芦生长发育适宜温度为18℃～25℃,15℃时发育不良。11℃以下停止生长。如果12月下旬至翌年3月初遭寒流袭击,温室内夜间温度在15℃～11℃,其至处在 11℃ 以下的低温,就会使"龙头"停止生长,导致生长发育失调,引发雌花抱顶,产生花打顶现象。③伤根。因育苗移栽时机械损伤根系、土壤水分过大(沤根)和施肥过多造成的烧根都可使龙头生长受挫,形成花打顶。④使用类似于植物内源激素的乙烯利、增瓜灵等不当所致。过量施用此类调节剂,使西葫芦体内源激素高,使营养物质主要运向雌蕊,形成雌花,甚至连续出现多个雌花,雄花则退化,成为有老叶而无新叶的自封顶植株。⑤肥害或药害引起花打顶。一次施肥过多(尤其是过磷酸钙)或过量喷洒农药对西葫芦产生较重的药害。

【防治方法】　导致西葫芦花打顶的因素往往是综合因素造成的,所以只有采取综合防治措施,才能收到较好的效果。①蹲苗要适度。蹲苗时间不可太长,土壤不能太干。在花打顶初期,适时适量浇水,使土壤含水量经常保持在 20% 左右,并随水追施少量速效氮肥,可促进植株的营养生长(对因肥害造成的花打顶不可追肥),或喷施 50～100 毫克/千克赤霉素,可促进茎叶生长。②严格控制温度。低温对花打顶影响极大,尤其是夜间低温。因此在苗期和定植初期,应确保温室内夜间温度在 15℃ 以上。如温室内温度低可在温室四周加盖一层草苫,温室内设二层膜或搭建小拱棚等措施,有条件的可铺设地热线或安装电炉子、生炭火等无烟增温措施。③注意保护根系。育苗移栽时注意不要伤根过多并适量浇水,特别在寒冷季节要注意浇小水,以防止沤根。施肥要做到配方合理,不可盲目地过量施肥,以防止烧根。此外,对西葫芦上部的小瓜胎(雌花)要全部掰掉,以减轻植株负荷,有利于茎叶健壮生长。④对已出现花打顶的植株,要及时采收熟瓜,并疏去过多的雌花和幼瓜。一般健壮植株每株留 1～2 个果实。

(十七)西葫芦落花落果

【症　状】　果实发育不良,易脱落。

【发生原因】 日光温室西葫芦落花落果的原因很多,概括起来主要是营养不良、气候条件不利和病虫为害造成的。营养不良是由于栽培管理措施不力,如栽培密度过大或氮肥施用过多,造成植株徒长、营养生长和生殖生长失去平衡,使西葫芦花、果营养不足而脱落。冬春季日光温室中经常遇到光照不足、温度偏低的天气等不利的气候条件,影响授粉,即使授粉了,果实也发育不良,容易脱落,这一点在阴雨雪天气时表现更为突出。温室内通风不良、湿度过大时,造成西葫芦花不能正常散粉,使授粉受精难以完成而造成落花落果。

【防治方法】 ①在西葫芦开花结果期,白天温室内温度控制在26℃左右,夜间不低于15℃。②及时揭去日光温室草苫,尽可能延长光照时间,增加光照强度。③加强肥水管理。如果植株叶片浓绿肥厚,开花却不结果,须严格控制肥水,并用较大土块压住蔓头,抑制植株疯长。如果植株瘦弱,叶片黄且薄,须加大肥水,摘除第一朵雌花,促进营养生长。④及时防治病虫,加强通风,降低温室内湿度,定期施用农药,清除败落花瓣、病叶和老叶。在西葫芦果实顶端花瓣着生处涂抹一层多菌灵粉剂,可以防止病菌从此处侵入果实内造成脱落。⑤在西葫芦初现花蕾时,每隔10天左右对叶面喷施一次喷施宝等含硼叶面肥,防止因硼等微量元素不足、花果发育不良而落花落果。⑥在上午10时左右,用20毫克/千克2,4-D+30毫克/千克赤霉素混合液对将要开放的雌花进行蘸花,防止受精不良,促进果实膨大。

(十八)西葫芦化瓜

【症 状】 化瓜即指西葫芦雌花开放后3～4天内,幼果前面部分褪绿变黄,变细变软,果实不膨大或很少膨大,表面失去光泽,先端萎缩,不能形成商品瓜,最终烂掉或脱落的现象。目前,化瓜已成为西葫芦生产障碍因素之一。

【发生原因】 西葫芦化瓜主要是环境条件不适或养分供应失调造成的。①温度过高,白天超过35℃,夜间高于20℃,造成光合作用降低,呼吸作用增强,碳水化合物大量向茎叶输送,蔓秧徒长,营养不良而化瓜。温度过低,白天低于20℃,晚上低于10℃,根系吸收能力减弱,光合作用也会降低,造成营养饥饿而引起化瓜。②西葫芦进入开花阶段,此时如果遇到连续阴天或阴雨连绵,昼夜温差小,加之光合作用受到影响,养分的消耗多于制造,也会造成营养不良而化瓜。③栽植密度大是造成化瓜的因素之一。密度大,根系间竞争土壤中的养分,而地上部的茎叶则竞争空间,当叶面积指数达到4以上时,透光透气性降低,光合效率不高,消耗增加,化瓜率提高。④由于授粉不良或根本就没有授粉,子房内不能生成植物生长素,导致胚和胚乳不能正常生长,加之营养生长与其竞争养分,当养分向雌花供应不足的时候,子房的植物生长素含量减少,不能结实而化瓜。⑤保护地里氨气主要来源于有机肥料的分解和高温下氨态氮肥的气化等。在一般情况下,氨气可以被土壤水分所吸收,并被作物吸收利用,但高温使氨气逸散到空气中,当含量达到8毫升/米^{3}时,可使西葫芦受到一定的危害;当含量达50毫升/米^{3}时,西葫芦就会化瓜,甚至死亡。

【防治方法】 ①调节温度。白天温度保持在25℃～30℃,超过30℃,应适当通风。夜间保持在15℃～20℃,如温度过低,可通过安装电炉子、生炭火等无烟增温措施加温。②补充光照。在保持温室内温度的情况下,要早揭晚盖草苫。如果遇到连续阴天或阴雨连绵,可用照明灯、张挂反光膜的方法加强光照。③种植密度适宜。每667平方米控制在2 000～2 500株,采用大小行距种植时,大行距80厘米,小行距60厘米,株距40厘米。④合理施肥。科学施肥能控制化瓜的发生。生产上要增施充分腐熟的有机肥,防止氮肥施用过量或磷、钾肥不足。通常氮肥施用过量很容易造成植株徒长,坐果不齐,增加化瓜。随着植株的不断生长,应逐渐增加氮肥施用量,到开花结果盛期应平衡施肥。施用氮肥时要注意深施。⑤及时地通风换气。适当地通风,不但可保持温室内适宜的温、湿度,而且能调节二氧化碳、二氧化硫和氨气的浓度,控制西葫芦的徒长,防止病虫害的发生,减少化瓜发生。⑥减少氨气来源。施用充分腐熟的圈肥和有机肥;施用氮肥时要深施,少撒施,尤其是碳铵一定要埋施。⑦激素处理。在西葫芦开花后 2~3 天,用 100 毫克/千克赤霉素或 100 毫克/千克防落素水溶液喷洒,均能使小瓜长得快,不易化瓜。

(十九)西葫芦"闪秧"

【症　状】　在日光温室冬春茬西葫芦栽培中,常常会遇到连阴雨天和雪后骤晴,如突然揭开草苫,会出现植株急剧萎蔫、凋枯而死亡的现象,生产上称为"闪秧"。

【发生原因】　连阴和雨雪天数日,地温降至适宜西葫芦根系生长的温度以下,使根系受到伤害。如果这时的土壤湿度过大,则会出现沤根。天气转晴后,受伤的根系一时难以恢复功能,无法保证地上部分对水分和养分的需求而"闪苗"。阴雪天过后骤晴,揭苫后温室内温度急升,植株的蒸腾作用急剧加快,而低温、高湿下叶片上长期开放的气孔来不及关闭加大了植株的失水,加上低温下根系的功能恢复慢,无法及时地补充地上叶片蒸腾失去的水分,这样会使植株体内水分失去平衡而萎蔫,如抢救不及时将造成永久性萎蔫。低温下植株体的代谢机能被打破,来不及及时调整而使植株失去正常活力。连续多天的低温寡照使西葫芦植株长时间处于饥饿状态,植株体内养分消耗过度,无法适应外部所提供的生命活动的环境而导致死亡。

【预防方法】　根据以上原因和生产实践,遇到连续雨雪天后骤晴,应采取以下方法预防西葫芦"闪秧":连续的阴雪(雨)天,尽管外界的气温低、光照弱,但外界的散射光的光强比温室内强得多,只要外界不是下着大雪(雨),只要外界的气温不会造成揭苫后温室内急剧下降,每天都应该揭草苫见光,哪怕是中午见一会也行。目前,有一种新的看法正被大家所接受,即直射光能增加温度,散射光也能提高产量,如果利用反光膜效果更快。连续的雨雪天过后,早晨应比正常揭苫时间要提早揭开草苫,使西葫芦植株在较低的温度下多见光,以便于植株进行强光条件下的适应性调整。也可立即在植株上喷15℃左右的温水,也可于连阴天期间向植株喷1‰的葡萄糖水。当太阳出来后,叶片如出现轻度萎蔫,此时就应放下一部分草苫遮光,可隔一放一,待萎蔫恢复后,再度卷起草苫,等萎蔫再度出现时,可再将草苫放下,必要时可再度喷15℃左右的温水。这样反复操作几次,一般的萎蔫即可恢复。当下午阳光弱时,揭苫不再萎蔫时,停止进行局部遮光。天黑时,可及早放下草苫保温。并加强夜间保温。如通过天气预报得知连续晴天时,可采取膜下暗浇补充一次水,也可减轻萎蔫。

(二十)2,4-D 激素中毒

【症　状】　蘸花后 2～3 天,嫩叶叶缘上卷,叶片扭曲畸形,失去光泽;叶肉退化,叶脉突出,僵硬,严重时呈"鸡爪"状;生长点僵硬,萎缩,造成生长点消失。幼果墨绿而短粗,雌花不能正常开放,多呈半开放状态。瓜柄明显增粗,有的超过幼果基部。受害瓜多为后部粗而先端细的尖嘴瓜,失去商品价值。受害株茎节短缩,着生叶柄处常呈乳白色,受害严重的出现乳白色瘤状物,纵裂。受害株中下部叶片为深绿色,严重的则失去光泽,呈老化状态。2,4-D中毒对日光温室西葫芦生产的影响取决于单株受害的程度及受害株的多少。

【发生原因】　①配制的 2,4-D 溶液浓度偏高或蘸花时用药液量大。②把药液滴在叶片或生长点上。用大口容器盛药液,用后不加盖,水分蒸发导致浓度偏高。③使用了某种以 2,4-D 为主要成分配成的不合格的促坐果类药品。

【防治方法】 ①2,4-D是人工合成的生长调节剂,是一种植物激素类似物。为生产无公害蔬菜,生产中应杜绝使用2,4-D蘸花。可剥取西葫芦雄蕊套花,或采集花粉进行人工授粉。冬季保护地栽培,也可选用对环境、人畜高度安全的植物内源激素(如芸薹素内酯等)进行蘸花,并结合人工授粉,以提高坐瓜率。②若使用2,4-D药液时,点花浓度不超过30毫克/千克;喷花浓度不超过25毫克/千克。为防止重复点花或喷花,需在药液中加入少量红色广告色作为标记。③严格防止药液洒落或沾到嫩叶或生长点上,并防止人为误喷误用2,4-D药液。④中毒症状出现后,可用白糖水400倍+尿素500倍混合液,每隔4~5天喷1次,连喷2~3次,能缓解中毒症状。也可喷施稀土微肥2 000倍+赤霉素3 000倍液。⑤日光温室西葫芦2,4-D中毒缓解的快慢与温度和水分有关。冬季在正常管理条件下需40多天才可缓解,在春季高温条件下,经20~30天症状即可缓解。如能适当提高温度,并增加水分供应,还可缩短缓解的时间,减少损失。对发生药害的植株要及时摘除畸形瓜。对2,4-D中毒严重的日光温室,要果断拔秧换茬。

(二十一)西葫芦氨气中毒

【症　状】 花、幼叶、幼果等幼嫩组织先发生褐变,后变为白色,严重时萎蔫死亡。

【发生原因】 温室内的氨气主要来自未经腐熟的鸡粪、猪粪、马粪和饼肥等有机肥料,这些肥料在高温下发酵时,产生出大量氨气,越积越多;其次是大量施用碳酸氢铵和撒施尿素产生的氨气。温室内的氨气浓度达到5~10毫升/米³ 时,作物就会中毒。

生产中氨气中毒易与高温热害相混淆,区别的方法是用pH试纸检测温室内的酸碱度,即在早上日出通风前,用试纸浸蘸温室内膜上的水滴,如呈蓝色的碱性反应,即是氨气中毒;如呈中性或红色的酸性反应,则是高温热害。

【防治方法】　一是施用腐熟人、畜粪尿,不施未腐熟的生肥。二是不施或少施碳酸氢铵;沟施或穴施尿素,施后盖土埋严,不用撒施。三是在保证正常温度的情况下,开窗或卷起膜脚通风换气,以排除过多氨气。四是可在植株叶片背面喷施 1%食用醋,可以减轻和缓解危害。

(二十二)西葫芦亚硝酸气中毒

【症　状】　亚硝酸气体通过叶片气孔侵入叶肉组织,使叶绿体结构遭破坏、褪色,出现灰白斑,如浓度过高时,叶脉也变成白色;严重时导致植株死亡。

【发生原因】　日光温室内的亚硝酸气体主要来自施氮过多的氮素化肥。土壤中,特别是沙土和砂壤土如连续施入大量氮肥,土壤中的铵向亚硝酸转化虽能正常进行,但亚硝酸向硝酸转化则会受阻,从而使土壤中积累起大量的亚硝酸,当温度升高时就变成气体散发在温室内,浓度超过 $2\sim3$ 毫升/米^3 时,植物就会中毒。中毒多发生在施肥后的一个月内。其检测方法,是用 pH 试纸浸蘸温室内膜上的水滴,若呈红色的酸性反应,就是亚硝酸积累过多引起的中毒。

【防治方法】　合理施肥,尤其是施氮肥时要"少量多次",采用沟施或穴施分次适量施入,施后与土壤拌匀并用土盖严,切忌重施、多施和撒施,同时注意通风换气。如温室内亚硝酸气体过浓或土壤偏酸时,在土壤中增施石灰,把土壤 pH 值调节为 $6.5\sim7$,可有效地防止亚硝酸气害。

(二十三)西葫芦尖嘴瓜

【症　状】　瓜条从中部到顶部膨大伸长受到限制,顶部较尖,瓜条短。

【发生原因】 养分供应不足,在瓜的发育前期温度高,或根系受伤,或肥水不足,导致养分、水分吸收受阻。大量施用化肥,土壤含盐量过高导致土壤溶液浓度过高,抑制根系对养分的吸收。浇水过多,土壤湿度过大,根系呼吸作用受到抑制,不能产生足够的能量,导致吸收能力降低。植株已经老化,摘叶过多或叶片受病虫为害,茎叶过密,通风透光不良,在肥料、土壤水分不足等情况下,也易产生尖嘴瓜。

【防治方法】 适期追肥灌水,搞好土壤耕作,维持植株长势,提高叶片的同化机能;冬季注意增强光照,保持适宜的生长发育温度;发现有尖嘴瓜产生应尽早摘除,以免影响下一个瓜的生长。用激素处理雌花时,要注意溶液的浓度和喷花时间,高温时溶液浓度要小,低温时溶液浓度可适当增大。喷花时,要将雌花的花托、柱头喷到喷匀。适时采收,避免瓜与瓜之间的养分争夺。

(二十四)西葫芦大肚瓜

【症　状】 西葫芦果实中部或顶部异常膨大。

【发生原因】 虽然已经授粉,但果实受精不完全,仅仅在先端形成种子,由于种子发育过程中会产生生长素,从而吸引较多的养分运输至该处,所以先端果肉组织优先发育,特别肥大,最终形成大肚瓜。养分不足,供水不均,植株生长势衰弱时,极易形成大肚瓜。在缺钾的情况下更易形成大肚瓜。

【防治方法】 保证水肥充足供应,且要均匀,尤其要确保钾肥的供应,以维持植株旺盛的长势。人工授粉的操作要精细、周到、充足,使花粉均匀地散落在雌花柱头上。

(二十五)西葫芦蜂腰瓜

【症　状】 瓜条中部多处缢缩,状如蜂腰,犹如系了多条腰带。将蜂腰瓜纵切开,常会发现变细部分果肉已龟裂,果实变脆。

【发生原因】　雌花授粉不完全,或受精后植株干物质合成量少,营养物质分配不均匀而造成蜂腰瓜。在高温干燥时期,植株生长势减弱易出现蜂腰瓜。缺硼也会形成蜂腰瓜。也有人认为,缺钾或生育波动时也易出现蜂腰瓜。

【防治方法】　减少化肥施用量,增施有机肥。实践证明,在有机肥充足的情况下,西葫芦会表现出良好的丰产性,也只有在有机肥充足的条件下,化肥的肥效才会发挥得更好。进入结果期,要做好温度、湿度、光照和水分的管理工作,避免温度过高或过低,不要大水漫灌,要小水勤浇;不要一次施肥过多,要少量多次。瓜越大,吸收的营养就越多,因此要及时采瓜,以保持植株旺盛的长势。

(二十六)西葫芦棱角瓜

【症　状】　果实发育不充实,表面有明显的纵向棱角。有的棱角果实扁平,看上去有大肚瓜的特征。果实中空,果肉龟裂。

【发生原因】　形成棱角瓜的直接原因是植株供瓜条发育的养分不足。这是由于土壤养分不足,生长后期脱肥,植株早衰,或生长后期植株老化造成的。

【防治方法】　加强水肥管理,尤其是生长中后期要避免脱肥,防止植株早衰。适量疏瓜,及时采收。

金盾版图书，科学实用，
通俗易懂，物美价廉，欢迎选购

保护地茄子种植难题破

  解 100 法　　　　　　8.50 元

茄子标准化生产技术　　9.50 元

提高茄子商品性栽培技

  术问答　　　　　　 10.00 元

茄子病虫害及防治原色

  图册　　　　　　　 13.00 元

引进国外番茄新品种及

  栽培技术　　　　　 7.00 元

大棚番茄制种致富　　 13.00 元

怎样提高番茄种植效益　8.00 元

番茄优质高产栽培法

  （第二次修订版）　　9.00 元

番茄标准化生产技术　 12.00 元

番茄实用栽培技术　　　5.00 元

西红柿优质高产新技

  术（修订版）　　　　8.00 元

提高番茄商品性栽培技

  术问答　　　　　　 11.00 元

保护地番茄种植难题破

  解 100 法　　　　　 10.00 元

图说温室番茄高效栽培

关键技术　　　　　 11.00 元

棚室番茄高效栽培教材　6.00 元

番茄病虫害防治新技术

  （修订版）　　　　　7.00 元

番茄病虫害及防治原色

  图册　　　　　　　 13.00 元

番茄生理病害防治图文

  详解　　　　　　　 18.00 元

樱桃番茄优质高产栽培

  技术　　　　　　　　8.50 元

引进国外辣椒新品种及

  栽培技术　　　　　 6.50 元

辣椒间作套种栽培　　　8.00 元

怎样提高辣椒种植效益　8.00 元

辣椒高产栽培（第二次

  修订版）　　　　　 5.00 元

辣椒无公害高效栽培　　9.50 元

辣椒标准化生产技术　 12.00 元

提高辣椒商品性栽培技

  术问答　　　　　　　9.00 元

辣椒保护地栽培（第 2

  版）　　　　　　　 10.00 元

    以上图书由全国各地新华书店经销。凡向本社邮购图书或音像制品，可通过邮局汇款，在汇单"附言"栏填写所购书目，邮购图书均可享受 9 折优惠。购书 30 元（按打折后实款计算）以上的免收邮挂费，购书不足 30 元的按邮局资费标准收取 3 元挂号费，邮寄费由我社承担。邮购地址：北京市丰台区晓月中路 29 号，邮政编码：100072，联系人：金友，电话：(010) 83210681、83210682、83219215、83219217(传真)。